国家自然科学基金重点项目（40830741）
国家科技支撑计划项目（2008BAH31B01）
中国科学院科技服务网络计划（STS计划）择优项目（KFJ-EW-ZY-004）
国家发展和改革委员会发展规划项目
福建、贵州省级空间规划试点项目

资源环境承载能力和国土空间
开发适宜性评价方法指南

Assessment Guidelines for Resource and Environmental Carrying
Capacity and Territorial Development Suitability

樊 杰／主编

科学出版社
北 京

内 容 简 介

资源环境承载能力和国土空间开发适宜性评价（简称"双评价"）是空间规划的基础性工作，在提升国土空间开发保护决策和规划科学性方面发挥着重要作用。本书重点阐述在省级空间规划试点工作中研制的省级层面"双评价"方法，以及在市县"多规合一"试点工作中研制的市县层面"双评价"方法，主要内容包括评价原则与技术流程、单项评价及指标算法、集成评价与综合方法等技术要点。

本书可供各层级空间规划开展"双评价"工作参用，也可为地理学、城乡规划、资源科学、环境科学、区域发展等相关领域的研究学者、规划工作者以及相关部门人员和管理者参考。

图书在版编目 (CIP) 数据

资源环境承载能力和国土空间开发适宜性评价方法指南／樊杰主编.
—北京：科学出版社，2019.1

ISBN 978-7-03-060355-5

Ⅰ.①资… Ⅱ.①樊… Ⅲ.①自然资源–环境承载力–评价–中国–指南
②国土规划–适宜性评价–中国–指南 Ⅳ.①X372-62 ②F129.9-62

中国版本图书馆 CIP 数据核字（2019）第 005195 号

责任编辑：王 倩／责任校对：彭 涛
责任印制：肖 兴／封面设计：黄华斌

科 学 出 版 社 出版
北京东黄城根北街 16 号
邮政编码：100717
http://www.sciencep.com
中国科学院印刷厂 印刷
科学出版社发行 各地新华书店经销

*

2019 年 1 月第 一 版 开本：720×1000 B5
2020 年 1 月第三次印刷 印张：7 1/2
字数：110 000

定价：89.00 元
（如有印装质量问题，我社负责调换）

研 制 单 位

牵头单位

    中国科学院地理科学与资源研究所

参加单位

    中国科学院科技战略咨询研究院

项目组（编写组）

首席科学家（主编）　　樊　杰

参加人员　　徐　勇　　张文忠　　金凤君　　陈　田　　高晓路

　　　　　　　刘盛和　　李丽娟　　王姣娥　　周　侃　　王传胜

　　　　　　　王开泳　　余建辉　　马　丽　　陈　东　　李九一

　　　　　　　王亚飞　　邓　羽　　杨　宇　　王　岱　　戚　伟

　　　　　　　黄　洁　　郭　锐　　周道静　　刘宝印　　李佳洺

　　　　　　　王志强　　宋敦江　　孔维峰　　刘汉初　　赵艳楠

　　　　　　　张雪飞　　徐小任

学术秘书　　周　侃

序

　　资源环境承载能力原值、余量和潜力是研制主体功能区划方案以及国土空间科学配置方案的关键参数，然而影响国土空间保护和利用的格局，或者说不同空间尺度可持续的地理格局形成与演变的因素又不仅仅限于资源环境承载能力。在研制主体功能区划方案时，我们提出了以资源环境承载能力评价为基础，综合社会经济发展基础潜力，同时充分考虑区位优势和政策要求的主体功能区划指标体系与技术方法。该技术方法是在综合认知国土空间格局分异的自然规律和社会经济规律的基础上，对国土空间功能区域进行划分，当时我们称之为"国土空间功能或地域功能适宜性评价"，作为主体功能区划的基础性工作。

　　随着研究工作不断深入，结合空间规划工作的应用实践，我们将这项基础性工作进行细化和分解。我们依托的空间规划探索性工作可以追溯到 2004 年前后的"三规合一"，即经济社会发展规划、土地利用规划和城市规划合一。"三规合一"探索与《中华人民共和国国民经济和社会发展第十一个五年规划纲要》研制时期开展的主体功能区规划基本同时起步，作为国家规划体系系统改革的一个有机组成部分。而后，在我们承担的不同类型空间规划应用实践中，逐步将基础性工作分解为两个步骤：第一个步骤是资源环境承载能力评价；第二个步骤是国土空间开发适宜性评价（简称"双评价"）。这里的开发，是呼应按照开发方式命名的主体功能区类型，开发适宜性越低即是越应该保护的功能区类型。这种探索在国家重大规划中的首次成功应用，是

2008 年的《汶川地震灾后恢复重建总体规划》，我们团队基于"双评价"提出的重建分区方案，被该规划直接采纳，并用于指导重建空间布局。自此，资源环境承载能力评价在我国决策中的应用越来越广泛，"双评价"逐渐成为空间规划的科学依据，在提升决策和规划科学性方面发挥了重要作用。

在国家自然科学基金重点项目、中国科学院科技服务网络计划（STS 计划）项目等的资助下，我们对"双评价"的科学原理和技术方法进行了深入系统的研究。基于我们的研究和应用积累，当 2015 年《中华人民共和国国民经济和社会发展第十三个五年规划纲要》发布前后再次启动市县"多规合一"的试点工作时，在国家测绘局牵头、组织多个部委联合编制《市县空间规划技术导则》的工作中，资源环境承载能力评价、国土空间开发适宜性评价，即"双评价"技术规程的研制，就由我们团队承担完成，本书"市县空间规划资源环境承载能力和国土空间开发适宜性评价方法指南"即为当时面向市县尺度的"双评价"技术规程。在市县空间规划试点基础上，国家发展和改革委员会主导形成《省级空间规划试点方案》，并委托我们团队对该方案进行科学评估（附件 1），评估报告与省级空间规划试点方案一并上报中央。2016 年 12 月 27 日，中共中央办公厅、国务院办公厅印发了《省级空间规划试点方案》（附件 2），明确"双评价"在空间规划中是一项必须开展的基础性工作，是划分由主体功能区类型衍生的"三区三线"（三区：城镇、农业、生态空间；三线：生态保护红线、永久基本农田、城镇开发边界）的科学依据，是研制"棋盘"、用于空间规划布局"棋子"的客观基础。

《省级空间规划试点方案》中提出在全国 9 个省（自治区、直辖市）开展试点，我们团队承担了福建、贵州两个省的试点工作，2017 年完成试点任务，省级尺度的"双评价"技术规程是系列试点成果中的一项重要产出，本书"省级空间规划资源环境承载能力和国土空间开发适宜性评价方法指南"即是该技术规程。在当前健全空间规划体系的进程中，资源环境承载能力评价和国土空间开发适宜性评价依然作为空间规划的基础性工作予以延续，"双评价"原理和技术方法也成为国家自然科学基金等项目的重要成果。现将我们以往完成的两个技术规程更名、修订出版，供研究者和规划者参用、指正。

2018 年 12 月 18 日

目　录

省级空间规划资源环境承载能力和国土空间开发适宜性评价方法指南

市县空间规划资源环境承载能力和国土空间开发适宜性评价方法指南

市县空间规划资源环境承载能力评价

Assessment Guidelines for Resource and Environmental Carrying Capacity and Territorial Development Suitability

附 件

省级空间规划资源环境承载能力
和国土空间开发适宜性评价方法指南

引　言

　　资源环境承载能力和国土空间开发适宜性评价是空间规划编制的重要基础。中共中央办公厅、国务院办公厅印发的《省级空间规划试点方案》明确指出，空间规划编制应当开展资源环境承载能力和国土空间开发适宜性评价，为划定城镇、农业、生态空间以及生态保护红线、永久基本农田、城镇开发边界奠定基础。

　　为确保空间规划资源环境承载能力和国土空间开发适宜性评价的科学性、规范性与可操作性，在福建省、贵州省空间规划试点评价及应用的基础上，编制本技术规程。

　　本技术规程重点阐述资源环境承载能力和国土空间开发适宜性评价的技术流程、单项评价及指标算法、集成评价与综合方法等技术要点，主要内容包括：总则、资源环境要素单项评价、资源环境承载能力集成评价、生态保护优先序综合评价、农业生产适宜性综合评价、城镇开发适宜性综合评价、附则 7 个部分。

一、总　　则

（一）基 本 概 念

　　资源环境承载能力是指国土空间能够承载人类生活生产活动的自

然资源上限、环境容量极限和生态服务功能量底线。资源环境承载能力评价是对自然资源和生态环境本底条件的综合评价，反映国土空间在城镇开发、农业生产、生态保护功能指向下的承载能力等级，是开展国土空间开发适宜性评价的必要前提。

国土空间开发适宜性是指国土空间对城镇开发、农业生产、生态保护等不同开发利用方式的适宜程度。国土空间开发适宜性评价是以资源环境承载能力为前提，对国土空间开发和保护适宜程度的综合评价，是合理划定城镇、农业、生态空间以及生态保护红线、永久基本农田、城镇开发边界（简称"三区三线"）的重要依据，也是测度国土开发强度阈值范围、制定综合管控措施的科学参考。

（二）评 价 原 则

尊重自然规律性。评价应体现尊重自然、顺应自然、保护自然的生态文明理念，充分考虑资源环境的客观约束，始终坚守自然资源供给上限和生态环境安全的基本底线，把区域生态安全、环境安全、粮食安全等放在优先位置。

突出评价针对性。评价应根据城镇开发、农业生产、生态保护不同功能指向和承载对象，遴选差异化评价指标，设置能够凸显地理区位特征、资源环境禀赋等区域差异的关键参数，因地制宜地确定指标算法和分级阈值。

把握评价整体性。评价应系统考虑区域资源环境构成要素，统筹把握自然生态整体性和系统性，设计统一完整的指标体系，综合集成反映要素间相互作用关系，客观全面地评价资源环境本底状况，制定与之相适应的开发利用方式。

注重评价操作性。评价应将定量评价与定性判定相结合，合理利用评价技术提供的弹性空间，并与部门工作基础充分衔接，确保评价数据可获取、评价方法可操作、评价结果可检验。

（三）技 术 流 程

严格遵循评价原则，围绕城镇开发、农业生产、生态保护要求，构建差异化评价指标体系，以定量方法为主，以定性方法为辅，全面摸清并分析国土空间本底条件，评价过程中应确保数据可靠、运算准确、操作规范及统筹协调，为科学划定"三区三线"奠定坚实基础。技术流程包括五步。

第一步：资源环境要素单项评价。按照评价对象和尺度差异遴选评价指标，从土地资源、水资源、环境、生态、灾害及滨海地区的海洋等自然要素，分别开展资源环境要素单项评价。

第二步：资源环境承载能力集成评价。根据资源环境要素单项评价结果，集成评价城镇开发、农业生产、生态保护不同功能指向下的资源环境承载能力（生态保护）等级，综合反映国土空间自然本底条件对人类生活生产活动的支撑能力。

第三步：生态保护优先序综合评价。根据生态保护等级评价结果，将保护等级高、较高值区作为生态保护优先区的备选区，将较高、中等和较低值区作为次优先区的备选区，将低值区作为一般区的备选区，结合生态斑块密度、生态系统完整性及生态服务导向等评价，从备选区中进一步识别并划分生态保护优先区、次优先区和一般区。

第四步：农业生产适宜性综合评价。根据农业承载能力等级评价结果，将承载能力等级高、较高值区作为农业生产适宜区的备选区，将较高、中等和较低值区作为一般适宜区的备选区，将低值区作为不适宜区的备选区，结合田块连片度、耕作便捷度等评价，从备选区中进一步识别并划分农业生产适宜区、一般适宜区和不适宜区。

第五步：城镇开发适宜性综合评价。根据城镇承载能力等级评价结果，将承载能力等级高、较高值区作为城镇开发适宜区的备选区，将较高、中等和较低值区作为一般适宜区的备选区，将低值区作为不适宜区的备选区，结合斑块集中度、交通优势度、战略区位等评价，进一步识别并划分城镇开发适宜区、一般适宜区和不适宜区。

二、资源环境要素单项评价

围绕城镇开发、农业生产、生态保护功能指向的差异化要求，结合不同层级空间规划评价精度需求，从土地资源、水资源、环境、生态、灾害等自然要素以及近海海域，筛选和构建差异化评价指标体系，逐项开展资源环境要素单项评价（表2-1）。

（一）土地资源评价

土地资源评价主要表征一定国土空间内城镇开发、农业生产的土地资源可利用程度。针对城镇开发功能和农业生产功能指向，分别采用城镇建设条件、农业耕作条件作为评价指标，通过坡度、地形起伏度、高程等综合反映。

1. 评价方法

（1）城镇开发功能指向的土地资源评价

$$[城镇建设条件] = f([坡度]，[地形起伏度]) \tag{2.1}$$

［城镇建设条件］是指城镇开发建设的土地资源可利用程度，需具备一定的坡度、地形起伏度等条件。其中，［地形起伏度］是针对山地丘陵区而设置的特殊指标。

表 2-1 空间规划资源环境承载能力评价指标体系

功能指向	自然要素						备注
	土地资源	水资源	环境	生态	灾害	近海海域	
城镇开发	城镇建设条件：坡度、地形起伏度	城镇供水条件：水资源丰度、供水便利性	城镇开发环境条件：大气环境容量、水环境容量	—	地质灾害风险：崩塌、滑坡、泥石流等[2]	海洋空间资源可利用度：可利用岸线资源、可利用滩涂资源	在地级、县级层面，可针对重点城区补充局部环流与暴潮风条件指标；滨海地区需要考虑风暴潮、海啸、赤潮、海冰等等海洋灾害指标
农业生产	农业耕作条件：坡度、高程、土壤养分	农业供水条件：水资源丰度、灌溉便利性	农业生产环境条件：光热条件、水环境容量	—	气象灾害风险：干旱、洪涝、风暴潮等	海域自净能力	在地级、县级层面，补充土壤环境容量指标；在县级层面，可考虑气象灾害风险因素
生态保护	—	—	—	生态服务功能重要性：水源涵养、水土保持、防风固沙、生物多样性维护等；生态敏感性：水土流失、石漠化、沙漠化、盐渍化等	—	海洋生态系统重要性：珊瑚礁、红树林等滨海湿地、典型生态生境以及繁殖区、索饵区、洄游区、迁徙区等	针对具体区域生态特征与问题择具体海岛指标；无居民海岛需考虑岛上生物多样性维护指标

注：省级、地级层面评价通常以50m×50m栅格单元为基本单元进行分项评价，在地形条件复杂或幅员较小的区域可提高评价精度；县级层面评价应提高评价精度，适用25m×25m或更高精度栅格单元进行单项评价

（2）农业生产功能指向的土地资源评价

$$[农业耕作条件] = f([坡度]，[高程]，[土壤养分]) \quad (2.2)$$

[农业耕作条件] 是指农业生产的土地资源可利用程度，需具备一定的坡度、高程、土壤养分等条件。对于地形条件复杂的地区，还可考虑坡向、坡型、地形部位等因素。

2. 评价步骤

第一步：图件制备与叠加处理。将数字地形图转换为栅格图，栅格大小可根据实际情况确定，一般用于省级、地级层面空间规划的精度为 50m×50m 栅格单元，县级层面的精度为 25m×25m 栅格单元。将数字地形图以土地利用现状图为参照进行投影转换，对每幅图进行修边处理，供数据提取和空间分析使用。

第二步：地形要素空间分析。基于数字地形图，计算栅格单元的坡度，按<3°、3°～8°、8°～15°、15°～25°、>25°生成坡度分级图。按<20m、20～50m、50～100m、100～200m、>200m 生成地形起伏度分级图。各地可根据地形地貌特点，结合垂直地带性林草界线、农牧界线、种植业熟制等确定高程分级阈值，如福建省按<400m、400～800m、800～1200m、1200～2400m、>2400m 生成高程分级图。

第三步：土地资源评价与分级。以坡度分级结果为基础，结合高程、地形起伏度，将土地资源的可利用程度划分为高、较高、中等、较低、低 5 种类型。地形起伏度>200m 的区域，将坡度分级降 2 级作为 [城镇建设条件] 等级；地形起伏度在 100～200m 的，将坡度分级降 1 级作为 [城镇建设条件] 等级；地形起伏度<100m 的，采用坡度分级作为 [城镇建设条件] 等级。高程>2400m 的区域，将坡度分级降 2 级作为 [农业耕作条件] 等级；高程在 1200～2400m 的，将坡度分级降 1 级作为 [农业耕作条件] 等级；高程在 1200m 以下的，采用坡度分级作为 [农业耕作条件] 等级。

3. 评价成果

对坡度、地形起伏度、高程等指标进行评价，编制要素分级评价图、统计表。分析区域地形、地貌特点及其对城镇建设、农业耕作条件的影响。分别编制城镇建设、农业耕作条件空间分布图、统计表，并刻画土地资源可利用程度的空间分异特征。

（二）水资源评价

水资源评价主要表征一定国土空间内水资源对城镇开发、农业生产的保障能力。针对城镇开发功能和农业生产功能指向，分别采用城镇供水条件、农业供水条件作为评价指标，通过水资源丰度与供水便利性综合反映。

1. 评价方法

（1）城镇开发功能指向的水资源评价

$$[城镇供水条件] = f([水资源丰度], [供水便利性]) \quad (2.3)$$

［城镇供水条件］是指城镇开发的水资源供给条件；［水资源丰度］是指区域水资源丰富程度；［供水便利性］是指城镇供水工程建设的基础条件，需满足一定的供水距离和提水高程条件。

（2）农业生产功能指向的水资源评价

$$[农业供水条件] = f([水资源丰度], [灌溉便利性]) \quad (2.4)$$

［农业供水条件］是指农业生产的水资源供给条件；［水资源丰度］是指区域水资源丰富程度；［灌溉便利性］是指农业灌溉工程建设的基础条件，需满足一定的供水距离和提水高程条件。

2. 评价步骤

第一步：水资源丰度评价。综合考虑流域分区与行政单元区划，划分水资源丰度评价单元。基于区域内及邻近地区气象站点长系列观测资料，测算各评价单元多年平均降水量，按 > 1200mm、800 ~

1200mm、400～800mm、200～400mm、<200mm 划分为很湿、湿润、半湿润、半干旱、干旱 5 个等级。计算区内主要河流径流量的多年平均值，按>1000 亿 m^3、300 亿～1000 亿 m^3、100 亿～300 亿 m^3、10 亿～100 亿 m^3、<10 亿 m^3 划分为过境水资源量很大、大、较大、一般、较小 5 个等级。取多年平均降水量、过境水资源量两项指标中相对较好的结果，确定水资源丰度，划分为丰富、较丰富、一般、较不丰富、不丰富 5 个等级。

第二步：供水便利性评价。根据城镇开发、农业生产的水资源需求，确定河流、水库等供水水源。在水资源丰富地区，农业供水水源可选用水库和塘坝，以及汇水面积在 2km^2 以上的河流；城镇供水水源要求相对较高，一般选用大、中型水库，以及满足水量要求的河流，省、市、县级空间规划河流汇水面积应分别在 100km^2、20km^2、10km^{2}以上。基于土地资源评价的栅格，测算每个栅格单元的供水距离与提水高程，划分城镇供水便利性和农业灌溉便利性等级。

第三步：水资源评价与分级。以城镇供水便利性、农业灌溉便利性评价结果为基础，对水资源丰度等级较低的区域进行降级处理，将供水条件划分为好、较好、一般、较差、差 5 个等级。已有大中型引水、调水工程的区域，可根据其调水规模适度提高受水区供水条件等级，供水渠系可作为供水便利性评价中的供水水源。

3. 评价成果

对水资源丰度、供水便利性等指标进行评价，编制要素分级评价图、统计表。分析区域降水、河流与地形特点及其对城镇开发、农业生产的影响。分别编制城镇供水条件、农业供水条件空间分布图、统计表，并刻画水资源供给条件的空间分异特征。

（三）环 境 评 价

环境评价主要表征一定国土空间内环境系统对经济社会活动产生的各类污染物的承受能力，以及光照、热量、通风等环境条件对城镇开发、农业生产的支撑能力。针对城镇开发功能和农业生产功能指向，分别采用城镇开发环境条件、农业生产环境条件作为评价指标，通过大气环境容量、水环境容量、光热条件和通风条件综合反映。

1. 评价方法

（1）城镇开发功能指向的环境评价

$$[城镇开发环境条件] = f([大气环境容量], [水环境容量]) \tag{2.5}$$

$$[大气环境容量] = [大气环境区域总量控制系数] \\ \times [规定年日平均浓度] \times [大气环境功能区面积] \tag{2.6}$$

$$[水环境容量] = [水环境功能区目标浓度] \times [可利用地表水资源量] \\ + [污染物综合降解系数] \times [可利用地表水资源量] \\ \times [水环境功能区目标浓度] \tag{2.7}$$

[城镇开发环境条件] 是指环境系统对城镇开发的支撑能力；[大气环境容量]、[水环境容量] 是指自然环境承纳主要大气、水污染物的能力，其中，大气环境选择二氧化硫（SO_2）、二氧化氮（NO_2）、可吸入颗粒物（PM_{10}）、细颗粒物（$PM_{2.5}$）等污染物作为评价对象，水环境选择化学需氧量（COD）、氨氮（$NH_3\text{-}N$）等污染物作为评价对象。

（2）农业生产功能指向的环境评价

$$[农业生产环境条件] = f([水环境容量], [光热条件]) \tag{2.8}$$

[农业生产环境条件] 是指环境系统对农业生产的支撑能力；[水环境容量] 是指自然环境承纳主要水污染物的能力；[光热条件] 是指

光照和热量条件。

2. 评价步骤

第一步：大气、水环境容量计算。按照环境功能分区划定基础评价单元，确定环境功能区内的污染物目标浓度，计算污染物环境容量。环境功能区以省级区划为基础，可结合地级和县级区划方案进行细分。按照排放限值自然分布规律，将各种大气和水污染物环境容量划分为高、中、低3个等级，并通过等级分布图空间叠加，分别确定大气和水环境容量高、中、低等级。

第二步：光热条件评价。整理区域内及周边地区气象台站长系列观测资料，统计各气象台站一年内日平均气温≥10℃的积温，分析高程、坡度、坡向等要素对积温的影响，通过空间插值得到活动积温图层，并划分活动积温高、中、低等级。

第三步：环境评价与分级。城镇开发环境条件、农业生产环境条件各包含两个指标，将指标按照高、中、低等级分别赋予5、3、1的分值，并将城镇开发环境条件和农业生产环境条件平均值作为环境条件评价得分，根据分值高低划分城镇开发（农业生产）环境条件好、较好、中等、较差、差5个等级。

第四步：针对特殊环境问题的辅助性评价。对于存在土壤污染严重等特殊环境污染问题的区域，可考虑将土壤环境容量等纳入评价。

3. 评价成果

对主要大气和水污染物的环境容量、光照和热量条件进行单要素评价，编制环境容量、光热条件分级评价图、统计表。分析环境容量和光热条件空间特征及其对城镇开发和农业生产的影响。编制城镇开发环境条件、农业生产环境条件分布图、统计表，并刻画环境条件的空间分异特征。

（四）生 态 评 价

生态评价的目的主要是识别区域生态服务功能相对重要和敏感或脆弱程度相对较高的生态地区，通过生态重要性和生态敏感性反映。

1. 评价方法

（1）生态重要性

生态重要性主要包括生物多样性维护、水源涵养、水土保持和防风固沙等生态服务功能的重要性程度。

1）生物多样性维护功能重要性

$$[生物多样性维护功能重要性] = NPP_{mean} \times F_{pre} \times F_{temp} \times (1 - F_{alt})$$

$$(2.9)$$

式中，NPP_{mean} 为 10 年以上植被净初级生产力（NPP）平均值，数据来源于中国科学院资源环境科学数据中心；F_{pre}、F_{temp}、F_{alt} 分别为多年平均降水量、多年平均气温和高程因子，降水和气温因子分别按极值法进行标准化，高程因子按最大最小法进行标准化，各因子标准化后的阈值为（0，1）。

NPP 是 1km×1km 格网的数据，降水和气温为空间插值数据，模拟结果空间精度不够，对垂直分异规律解释不足。可针对试评价地区的特点，引入物种生境因子对评价结果进行校正。校正方法是对式（2.9）的计算结果乘以物种生境因子系数，物种生境因子系数根据土地利用现状赋值，土地利用现状采纳第一次全国地理国情普查的地表覆盖分类体系，赋值方法参照表 2-2。

表 2-2　物种生境因子系数赋值

代码	310	320～350/ 411/1001	360～380/ 412/413	200/110/ 420/1012	120/900	500～800/ 1050
赋值	1	0.8	0.6	0.4	0.2	0.01

注：代码根据第一次全国地理国情普查的地表覆盖分类确定，下同

2）水源涵养功能重要性

$$[水源涵养功能重要性] = NPP_{mean} \times F_{sic} \times F_{pre} \times (1 - F_{slp})$$

$$(2.10)$$

式中，NPP_{mean} 为植被净初级生产力多年平均值；F_{sic}、F_{pre}、F_{slp} 分别为土壤渗流因子、多年平均降水量和坡度因子，降水量和坡度均按极值法进行标准化，标准化后的阈值为（0，1）。

基于和生物多样性维护功能重要性评价同样的考虑，引入地表覆盖因子和高程因子对评价结果进行校正，校正方法是对式（2.10）的计算结果乘以地表覆盖因子系数和高程因子系数。地表覆盖因子系数根据表 2-3 对现状地表覆盖类型赋值，数据来源为第一次全国地理国情普查数据。高程因子是对具有水源地保护功能的山地区域起突显作用的因子，目的是尽可能完整地评价出具有水源地保护功能的山地区域。高程因子系数的计算方法为

$$[高程因子] = \max(H_i, \quad H_{特征植被})/H_{max} \qquad (2.11)$$

式中，H_i 为 i 像元高程值；H_{max} 为评价区域高程的最大值；$H_{特征植被}$ 为评价区域垂直地带性植被中分布面积最大的植被所在的高程值。特征植被的选择要视评价地区所处的自然地带单元而定，一般在我国东南沿海区域，可选择针叶林或硬叶阔叶林，西南部可选择针叶林，其他地区可根据当地地带性植被的分布特点选择相应的特征植被。

表 2-3　地表覆盖因子系数赋值

代码	310/340/1000	320/330/350/380/411	360/370/412/413/420	100/200/900	500~800
赋值	0.9	0.7	0.5	0.3	0.1

3）水土保持功能重要性

$$[水土保持功能重要性] = NPP_{mean} \times (1 - K) \times (1 - F_{slp})$$

$$(2.12)$$

式中，NPP_{mean} 为植被净初级生产力多年平均值；K、F_{slp} 分别为土壤可蚀性因子、坡度因子，坡度按极值法进行标准化，标准化后的阈值为 (0，1)。计算公式如下：

$$K = [-0.013\ 83 + 0.515\ 75K_{epic}] \times 0.1317 \qquad (2.13)$$

$$K_{epic} = \{0.2 + 0.3\exp[-0.025\ 6m_s(1 - m_{silt}/100)]\}$$
$$\times [m_{silt}/(m_c + m_{silt})]^{0.3} \times \{1 - 0.25orgC/[orgC$$
$$+ \exp(3.72 - 2.95orgC)]\} \times \{1 - 0.7(1 - m_s/100)$$
$$/\{(1 - m_s/100) + \exp[-5.51 + 22.9(1 - m_s/100)]\}\}$$

$$(2.14)$$

式中，m_c、m_{silt}、m_s、orgC 分别为黏粒、粉粒、砂粒和有机碳的百分比含量。

4）防风固沙功能重要性

$$[防风固沙功能重要性] = NPP_{mean} \times K \times F_q \times D \qquad (2.15)$$

式中，NPP_{mean} 为植被净初级生产力多年平均值；K、F_q、D 分别为土壤可蚀性因子、多年平均气候侵蚀力、地表粗糙度因子。

$$F_q = \sum_{i=1}^{12} u^3 \frac{ETP_i - P_i}{ETP_i} \times d \qquad (2.16)$$

$$ETP_i = 0.19(20 + T_i) \times (1 - r_i) \qquad (2.17)$$

$$u_2 = u_1 (z_2/z_1)^{1/7} \qquad\qquad (2.18)$$

$$D = 1/\cos\theta \qquad\qquad (2.19)$$

式中，u 为 2m 高处的月平均风速；u_1、u_2 分别表示 z_1、z_2 高度处的风速；i 为月份；ETP_i 为月潜在蒸发量；P_i 为月降水量；d 为当月天数；T_i 为月平均气温；r_i 为月相对湿度（%）；θ 为坡度（弧度）。

（2）生态敏感性

生态敏感性主要包括水土流失敏感性、石漠化敏感性、沙漠化敏感性和盐渍化敏感性。

1）水土流失敏感性

$$[水土流失敏感性] = \sqrt[4]{R \times K \times LS \times C} \qquad (2.20)$$

式中，R 为降雨侵蚀力因子；K 为土壤可蚀性因子；LS 为地形起伏度因子；C 为植被覆盖度因子。各因子的赋值方法见表 2-4。

表 2-4　水土流失敏感性评价因子分级赋值

评价因子	极敏感	高度敏感	中度敏感	轻度敏感	不敏感
降雨侵蚀力	>600	400~600	100~400	25~100	<25
土壤可蚀性	砂粉土、粉土	砂壤、粉黏土、壤黏土	面砂土、壤土	粗砂土、细砂土、黏土	石砾、沙
地形起伏度	>300	100~300	50~100	20~50	0~20
植被覆盖度	≤0.2	0.2~0.4	0.4~0.6	0.6~0.8	≥0.8
分级赋值	9	7	5	3	1

2）石漠化敏感性

$$[石漠化敏感性] = \sqrt[3]{D \times P \times C} \qquad (2.21)$$

式中，D 为碳酸盐出露面积比例；P 为坡度；C 为植被覆盖度。各因子的赋值见表 2-5。

表2-5 石漠化敏感性评价因子分级赋值

评价因子	极敏感	高度敏感	中度敏感	轻度敏感	不敏感
碳酸盐出露面积百分比（%）	≥70	50~70	30~50	10~30	≤10
坡度（°）	≥25	15~25	8~15	5~8	≤5
植被覆盖度	≤0.2	0.2~0.4	0.4~0.6	0.6~0.8	≥0.8
分级赋值	9	7	5	3	1

3）沙漠化敏感性

$$[沙漠化敏感性] = \sqrt[4]{I \times W \times K \times C} \qquad (2.22)$$

$$I = 0.16(全年日平均气温 \geq 10℃ 积温 / 期间的降水量) \quad (2.23)$$

式中，I、W、K 和 C 分别为干燥度指数、冬春季节风速大于 6m/s 的起风沙天数、土壤质地和植被覆盖度因子。各因子的赋值见表2-6。

表2-6 沙漠化敏感性评价因子分级赋值

评价因子	极敏感	高度敏感	中度敏感	轻度敏感	不敏感
干燥度指数	≥16.0	4.0~16.0	1.5~4.0	1.0~1.5	<1.0
起风沙天数（天）	≥30	20~30	10~20	5~10	<5
土壤质地	砂质	壤质	砾质	黏质	基岩
植被覆盖度	≤0.2	0.2~0.4	0.4~0.6	0.6~0.8	≥0.8
分级赋值	9	7	5	3	1

4）盐渍化敏感性

$$[盐渍化敏感性] = \sqrt[4]{I \times M \times D_p \times K} \qquad (2.24)$$

式中，I、M、D_p、K 分别为评价区域蒸发量/降水量、地下水矿化度、地下水埋深和土壤质地因子。各因子的赋值见表2-7。

表2-7 盐渍化敏感性评价因子分级赋值

评价因子	极敏感	高度敏感	中度敏感	轻度敏感	不敏感
蒸发量/降水量	≥15	10~15	3~10	1~3	<1
地下水矿化度（g/L）	≥25	10~25	5~10	1~5	<1

评价因子	极敏感	高度敏感	中度敏感	轻度敏感	不敏感
地下水埋深（m）	≤1	1~5	5	5~10	>10
土壤质地	沙壤土	壤土	黏壤土	黏土	沙土
分级赋值	9	7	5	3	1

2. 评价步骤

第一步：因子评价与分级。根据评价区域主要生态服务功能与主要生态问题，选择评价因子，评估水源涵养、水土保持、防风固沙、生物多样性维护等生态服务功能重要性，以及水土流失、石漠化、沙漠化、盐渍化等生态敏感性，评价结果划分为5个等级，由高到低分别赋予9、7、5、3、1的分值。

第二步：生态重要性评价。取水源涵养、水土保持、防风固沙、生物多样性维护4项生态服务功能中重要性最高的等级，作为生态重要性等级，划分为生态重要性高、较高、中等、较低、低5个等级。

第三步：生态敏感性评价。将水土流失敏感性、石漠化敏感性、沙漠化敏感性、盐渍化敏感性的得分取算数平均值，得到生态敏感性分值，按照>8、6~8、4~6、2~4、<2的阈值，划分为生态敏感性高、较高、中等、较低、低5个等级。

3. 评价成果

编制生态重要性、生态敏感性要素分级评价图、统计表，分析区域生态重要性、生态敏感性的空间分异特征，编制分布图、统计表。

（五）灾 害 评 价

灾害评价主要表征一定国土空间内自然灾害对城镇开发和农业生产的影响。针对城镇开发功能和农业生产功能指向，分别采用地质灾害条件、气象灾害条件作为评价指标，通过地质灾害危险性和气象灾害危险性综合反映。

1. 评价方法

（1）城镇开发功能指向的灾害评价

$$[地质灾害危险性] = \max([活动断裂],\ [崩塌灾害危险性],$$
$$[滑坡灾害危险性],\ [泥石流灾害危险性],$$
$$[地面塌陷灾害危险性],\ [地面沉降灾害危险性],$$
$$\cdots) \tag{2.25}$$

[地质灾害危险性] 是指城镇开发建设受到活动断裂及崩塌、滑坡、泥石流、地面塌陷、地面沉降等与地质作用有关的灾害的影响程度和强度。

（2）农业生产功能指向的灾害评价

$$[气象灾害危险性] = \max([干旱灾害危险性],\ [洪涝灾害$$
$$危险性],\ [低温寒潮灾害危险性],\cdots) \tag{2.26}$$

[气象灾害危险性] 是指农业生产受到干旱、洪涝、低温寒潮等与气象因子有关的灾害的影响程度和强度。

2. 评价步骤

第一步：自然灾害灾种选择。根据区域自然灾害类型特点，遴选对城镇开发建设和农业生产活动有重要限制作用的灾种，一般应包括活动断裂、崩塌、滑坡、泥石流、地面塌陷、地面沉降、干旱、洪涝等灾害，滨海地区还应包括风暴潮、海啸、海冰等灾害，部分地区可补充低温寒潮、暴风雪等灾种。

第二步：单项灾种危险性评价。收集整理各类地质、气象灾害历史资料，根据灾害发生频率与强度，分析与地质构造、地形地貌和水文气象、土壤植被等自然条件，以及降雨、地震等触发条件的相关程度，赋予各指标权重并评价单项灾种危险性。对于有研究或评价成果可供参考的，应在相关成果基础上进行，如洪涝灾害危险性评价可在洪水危险区和避洪单元研究基础上进行。

第三步：灾害危险性综合评价与分级。根据单项灾种危险性评价结果，采用区域综合方法、最大因子方法等确定地质、气象灾害危险性分级，将灾害危险性评价结果划分为危险性极大、大、较大、略大、无 5 个等级。

3. 评价成果

对单项灾种进行评价，编制各灾种危险性分级评价图、统计表。分析地质灾害空间分布格局及其对城镇开发建设的影响程度、气象灾害空间分布格局及其对农业生产的影响程度。编制地质和气象灾害危险性空间分布图、统计表，刻画地质、气象灾害的空间分异特征。

（六）近海海域评价

近海海域评价主要表征滨海地区海洋资源环境对人类生活生产活动的支撑能力。针对城镇开发、农业生产和生态保护功能指向，分别采用近海海域海洋空间资源可利用度、海域自净能力、海洋生态系统重要性作为评价指标。

1. 评价方法

（1）城镇开发功能指向的海洋评价

$$[海洋空间资源可利用度] = \min([岸线资源可利用度],$$
$$[滩涂资源可利用度]) \qquad (2.27)$$

$$[岸线资源可利用度] = 1 - [海洋类保护区内的岸线长度]/[岸线总长度] \qquad (2.28)$$

$$[滩涂资源可利用度] = 1 - [海洋类保护区内的滩涂面积]/[滩涂总面积] \qquad (2.29)$$

[海洋空间资源可利用度]是指海洋空间的可开发利用程度，通过

非海洋保护区内的岸线与滩涂所占比例进行表征。

（2）农业生产功能指向的海洋评价

$$[海域自净能力] = f([污染物降解能力]，[污染物扩散条件])$$

$$(2.30)$$

[海域自净能力]是指近岸海域的污染物净化能力，与[污染物降解能力]和[污染物扩散条件]有关。

（3）生态保护功能指向的海洋评价

$$[海洋生态系统重要性] = f([典型生境重要性]，$$
$$[繁殖与洄游区域重要性])$$

$$(2.31)$$

[海洋生态系统重要性]是指近岸海域珊瑚礁、红树林、滨海湿地等典型生境的重要性，以及鱼类繁殖与洄游区域重要性。

2. 评价步骤

第一步：海洋空间资源可利用度评价。在扣除海洋类保护区内岸线和滩涂资源的基础上，运用式（2.28）和式（2.29）分别将岸线资源和滩涂资源的可利用度分为高、较高、中等、较低、低5个等级，取两者的较低值作为近海岸滩可利用度等级。

第二步：海域自净能力评价。以近岸海域自身的物理净化能力为主，考虑水交换能力、风力、环流等因素，将近岸海域自净能力分为高、较高、中等、较低、低5个等级，也可采用箱式模型、对流扩散模型、水动力学模型等方法，在自净容量模拟测算的基础上进行分级评价。

第三步：海洋生态系统重要性评价。遴选近岸海域中珊瑚礁、红树林、滨海湿地等重要生态系统，并按生态重要性赋予分值；识别重要鱼类洄游区域、繁殖区域，按其重要程度赋予分值。取两者的最高值，作为海洋生态系统重要性结果，划分为高、较高、中等、较低、低5个等级。

第四步：针对特殊海洋资源环境问题的辅助性评价。对于滨海地区风暴潮、海啸、赤潮、海冰等海洋灾害频发海域，可增加海洋灾害危险性因子进行评价，并将其纳入城镇开发功能指向的评价结果。

3. 评价成果

对岸线资源、滩涂资源、海域自净能力、海洋生态系统重要性进行评价，编制要素分级评价图、统计表。分析滨海地区岸滩资源、海洋环境、海洋生态对城镇开发、农业生产和生态保护的影响。分别编制海洋空间资源可利用度、海域自净能力、海洋生态系统重要性分布图、统计表，并刻画海域条件的空间分异特征。

三、资源环境承载能力集成评价

（一）集成准则

基于资源环境要素单项评价的分级结果，根据城镇开发、农业生产、生态保护三方面的差异化要求，综合划分生态保护功能指向的生态保护等级以及城镇开发、农业生产功能指向的资源环境承载能力等级，表征一定国土空间内自然本底条件对人类生活生产活动的综合支撑能力。资源环境承载能力等级（生态保护等级）按取值由低至高可划分为Ⅰ级、Ⅱ级、Ⅲ级、Ⅳ级、Ⅴ级5个等级。集成评价应遵循的基本准则如下：

——生态保护等级高值区应具备重要的水源涵养、水土保持、防风固沙、生物多样性维护等生态功能，或存在水土流失、石漠化、沙漠化、盐渍化等生态问题。

——资源环境承载能力高值区应具备较好的水土资源基础，即同时要求土地资源、水资源均对城镇开发、农业生产具有较好的支撑能力。

——资源环境承载能力高值区还应具备较好的生态环境本底，即同时要求环境容量较高、生态重要性较低。

——资源环境承载能力还在一定程度上受自然灾害以及海洋资源环境的约束，即自然灾害风险较高或海域资源环境本底较差的滨海地区，资源环境承载能力受到约束。

（二）集成方法与步骤

1. 生态保护等级

生态保护等级按式（3.1）进行集成。

$$[生态保护等级] = \max([生态重要性], [生态敏感性]) \quad (3.1)$$

首先，根据式（3.1）初步判定生态保护等级。在此基础上，进一步纳入海洋生态系统重要性指标，对初步评价结果进行修正。修正准则为，在沿海地区（一般取距海岸线 $0.5 \sim 1\text{km}$ 范围），生态保护等级初评结果较低，但邻近海域的海洋生态系统重要性结果为高、较高的，将其生态保护等级分别提升到 V 级、Ⅳ 级。

2. 农业生产功能指向的承载能力（农业承载能力）等级

农业承载能力等级按如下公式进行综合集成：

$$[承载能力等级] = [水土资源基础]^{k_{[生态环境本底]}} \quad (3.2)$$

$$[水土资源基础] = f([农业耕作条件], [农业供水条件]) \quad (3.3)$$

$$k_{[生态环境本底]} = f([农业生产环境条件]) \quad (3.4)$$

首先，基于 [农业耕作条件] 和 [农业供水条件] 两项指标，确定农业生产功能指向的水土资源基础，形成农业承载能力参考判别矩阵（表3-1）。再根据农业生产环境条件确定用于集成的生态环境本底系数 $k_{[生态环境本底]}$，当农业生产环境条件为最低值"差"时，$k_{[生态环境本底]} = 0$；否则，$k_{[生态环境本底]} = 1$。在此基础上，进一步纳入 [气象灾害危险性]、[海域自净能力指标]，对初步评价结果进行修正。修正准则一般为，对于农业承载能力初步评价结果为 V 级，但气象灾害危险性高或海域自净能力低的国土空间，将其调整为 IV 级。

表 3-1　农业承载能力参考判别矩阵

农业供水条件＼农业耕作条件	好	较好	一般	较差	差
好	V	V	IV	III	I
较好	V	IV	IV	II	I
一般	IV	IV	III	II	I
较差	IV	III	III	I	I
差	III	III	II	I	I

3. 城镇开发功能指向的承载能力（城镇承载能力）等级

城镇承载能力等级按如下公式进行综合集成：

$$[承载能力等级] = [水土资源基础]^{k_{[生态环境本底]}} \tag{3.5}$$

$$[水土资源基础] = f([城镇建设条件], [城镇供水条件]) \tag{3.6}$$

$$k_{[生态环境本底]} = f([城镇开发环境条件], [生态重要性]) \tag{3.7}$$

首先，基于［城镇建设条件］和［城镇供水条件］两项指标，确定城镇开发功能指向的水土资源基础，形成城镇承载能力参考判别矩阵（表 3-2）。再根据城镇开发环境条件、生态重要性确定用于集成的生态环境本底系数 $k_{[生态环境本底]}$，当城镇开发环境条件为最低值"差"或生态重要性为最高值"高"时，$k_{[生态环境本底]} = 0$；否则，$k_{[生态环境本底]} = 1$。在此基础上，进一步纳入地质灾害危险、海洋空间资源可利用度指标，对初步评价结果进行修正。修正准则包括：对于城镇承载能力初步评价结果为 V 级和 IV 级，但地质灾害危险性高或海洋空间资源可利用度低的国土空间，将其调整为 III 级；对于初步评价结果为Ⅴ级，但地质灾害危险性较高或海洋空间资源可利用度较低的国土空间，将其调整为Ⅳ级。其中，海洋空间资源可利用度指标只在滨海区域进行考虑，一般取距海岸线0.5～1km范围。

表3-2　城镇承载能力参考判别矩阵

城镇供水条件＼城镇建设条件	好	较好	一般	较差	差
好	Ⅴ	Ⅴ	Ⅳ	Ⅲ	Ⅰ
较好	Ⅴ	Ⅳ	Ⅳ	Ⅱ	Ⅰ
一般	Ⅳ	Ⅳ	Ⅲ	Ⅱ	Ⅰ
较差	Ⅳ	Ⅲ	Ⅲ	Ⅰ	Ⅰ
差	Ⅲ	Ⅲ	Ⅱ	Ⅰ	Ⅰ

（三）集成结果

刻画承载能力空间分布格局。编制城镇、农业承载能力等级和生态保护等级分布图、汇总表，分析承载能力等级（生态保护等级）Ⅰ～Ⅴ级5个等级区域的数量和面积，分析承载能力等级（生态保护等级）的空间分布特征，总结地理分区、流域分布、海陆位置等地理背景下资源环境承载能力的基本规律。

解析承载能力限制性因素。通过综合等级与单项评价结果叠加分析，刻画不同承载能力等级下的水-土资源、水资源-环境、环境-生态等要素间组合特征，根据单项指标及其构成要素的分级结果，通过承载能力低值区、生态保护等级高值区分布，识别资源环境承载能力限制性要素。

四、生态保护优先序综合评价

生态保护优先序反映国土空间内进行生态保护与维护的优先级，生态保护优先序评价结果一般划分为优先区、次优先区和一般区3种类型。通常，优先区生态保护等级高、生态系统的完整性和连通性好；次优先区生态保护等级较高、具有一定生态系统完整性和连通性；而一般区生态保护等级低、生态系统人工属性突出。

（一）评 价 准 则

（1）根据生态保护等级确定不同等级优先区的备选区域

生态保护的优先区域首先应具备重要的生态功能，生态重要性越高，生态脆弱性越高，生态保护的优先序越高。按照生态保护等级，确定生态保护优先区、次优先区的备选区域。

（2）确保生态斑块面积和形状适宜生态保护需要

生态保护优先区域应该具有一定的面积且破碎程度较低。对适宜作为生态保护优先区的备选区域进一步评价生态斑块密度，斑块密度越小，说明破碎化程度越低，生态保护的价值越大。

（3）确保生态系统的完整性和连通性

对于具有地带性指示意义的生态系统，面积越大，空间分布越集中，生态保护优先序越高。对于连绵山体、河流、湖泊、湿地等重点生态廊道，应对其生态功能进行整体评价，确保生态系统及其服务功能的整体性和连贯性。

（4）协调重点城镇开发建设和生态服务保障需求

对位于重点城镇周边，特别是城镇上风上水位置的重点生态区域，应保障评价结果高等级区域的生态服务功能。

（二）评价指标及算法

1. 生态斑块密度

生态斑块密度主要表征生态保护高优先序区域的规模及空间分异特征，通过生态保护高优先序区域的斑块规模反映。对于生态保护优先区和次优先区的备选区域，即生态保护等级为Ⅱ级、Ⅲ级、Ⅳ级、Ⅴ级的区域，利用 GIS 软件的聚合工具，将备选区域中相对聚集或邻近的图斑聚合为相对完整的连片地块，聚合距离为500m。

计算生态保护高优先序生态斑块密度，按密度依次划分为高、较高、一般、较低和低5个等级，分级参考阈值如表4-1所示。生态斑块密度分级阈值可结合区域特点适当调整，一般山地丘陵区分级标准可有所降低，但为保障生态斑块形态相对集中，避免过度条带状拓展，需计算斑块形状指数。计算公式如下：

$$[斑块形状指数] = 0.25 \times [斑块周长]/[斑块面积]^{0.5} \quad (4.1)$$

表 4-1　生态斑块密度评价分级参考阈值

斑块数量（个/km^2）	>10	5~10	2~5	1~2	≤1
生态斑块密度	高	较高	一般	较低	低

对斑块形状指数偏高的生态斑块，应按照离心距离逐步降低其外围区域的分级。

2. 生态廊道重要性

生态廊道重要性评价主要表征生态系统及其服务功能的完整性与连贯性，主要包括植被廊道、山体廊道和湿地水域廊道，划分为高、较高、一般 3 个等级，划分标准如表 4-2 所示。

表4-2 生态廊道重要性评价分级参考标准

生态廊道重要性 分类		高	较高	一般
植被廊道	优势树种生境面积由大到小排列的累积百分率（%）	0~10	10~80	80~100
	珍贵树种面积（hm²）	≥5	<5	—
湿地水域廊道	山体廊道	主要山体、流域分水岭	主要河流源区	—
	陆域	湿地公园、饮用水水源地保护区	河流、湖泊、水库	—
	海域	湿地公园、鱼类种质资源保护区	风景名胜区	—

按照植被地带性（包括水平地带性和垂直地带性）指示意义、地方特有性和自然树种为主的原则选择地带性指示物种，包括林业资源普查分类的有林地和国家特别规定的灌木林地，以及优势树种（不包括果品、调香料、食用油料等经济类树种）。按照优势树种生境面积由大到小排序赋值，分别取面积累积百分率 10% 和 80% 作为分级标准，将植被廊道划分为重要性高、较高、一般 3 个等级；对于珍贵树种，按面积大小，划分重要性高、较高两个等级。

参照植被的垂直分异特征，兼顾评价区域高程分布以及河流分水岭地区的特征，确定流域分水岭与河流源区的划分标准，应具备一定的高程、坡度及现状土地利用类型要求。一般将主要山体、流域分水岭划分为山体廊道重要性高值区，将区内主要河流源区划分为山体廊道较高值区。

选择评价区域的海域湿地，陆域河流、湖泊、水库等作为评价对象，设置相应的评价标准，划分湿地水域廊道重要性高、较高、一般 3 种类型。一般将湿地公园、饮用水水源地保护区、鱼类种质资源保护区划分为高值区，陆域水体及海域风景名胜区划分为较高值区，但在实际操作过程中，可根据实际情况予以调整。

（三）评 价 步 骤

第一步：根据生态保护能力等级，确定生态保护优先区、次优先区的备选区域。将生态保护等级高（Ⅴ）、较高（Ⅳ）的空间单元，作为优先区的备选区域；将生态保护等级较高（Ⅳ）、中等（Ⅲ）、较低（Ⅱ）的空间单元，作为次优先区的备选区域；将生态保护等级低（Ⅰ）的空间单元，直接划定为生态保护一般区。

第二步：根据生态斑块密度初步确定生态保护优先序。按照斑块密度与生态保护等级，形成生态保护优先序参考判别矩阵，进一步确定生态保护优先区、次优先区和一般区（表4-3）。一般来说，生态保护红线的斑块密度不应低于一般等级。

表4-3　生态保护优先序参考判别矩阵

生态斑块密度 生态保护等级	高	较高	一般	较低	低
高（Ⅴ）	一般	次优先	优先	优先	优先
较高（Ⅳ）	一般	次优先	次优先	优先	优先
中等（Ⅲ）	一般	次优先	次优先	次优先	次优先
较低（Ⅱ）	一般	次优先	次优先	次优先	次优先
低（Ⅰ）	一般	一般	一般	一般	一般

第三步：根据生态廊道重要性修正生态保护优先序。对于生态廊道重要性高的地块，将初划结果为一般区的地块，调整为生态保护次优先区。

第四步：按照生态保护优先序结果评估生态保护格局及优化路径。编制生态保护优先区、次优先区和一般区分布图、汇总表，分析 3 类保护区的数量和面积、空间分布特征。通过 3 类保护区与现状生态格局的叠加分析，结合资源环境承载能力评价，解析生态保护的调整方向、重点，提出优化路径和具体措施。

（四）注　意　事　项

从生态保护等级的五级分类到生态保护优先序的三级分类，既要考虑对评价区域优先保护区域的面积和比例大小的影响，也要考虑对上下层级行政单元域、同级行政单元域优先保护区域的面积和比例大小的影响。在自下而上的划分中，主要考虑对上级行政单元优先保护区域面积的影响；在自上而下的划分中，同时要权衡下级不同行政单元优先保护区域的面积和比例，对于缺乏高值生态保护等级的行政单元，可在归并生态保护优先序的级别时，适当放宽尺度。

优势树种的选择，可以林业普查数据为准，在分析各类树种的空间分布规律的基础上，选择具有显著地带性指示意义的树种和地方特有物种作为评价对象。同时，物种的选择也应兼顾地方珍稀物种的重点分布区域。

根据城镇生态保护需求，可将城镇上风上水方向的生态保护次优先区调整为优先区。对于城镇内部或周边区域的生态保护次优先区，综合考虑城镇发展用地需求，可调整为一般区。

生态保护优先序判别矩阵可根据评价区域实际状况进行调整，但原则上生态保护优先区只在生态保护等级高、较高区域中划分，生态保护次优先区不在生态保护等级低值区中划分。

五、农业生产适宜性综合评价

农业生产适宜性反映国土空间内从事农业生产和农村居民生活的适宜程度，农业生产适宜性综合评价结果一般划分为适宜区、一般适宜区和不适宜区 3 种类型。通常，农业生产适宜区具备承载农业生产活动的资源环境综合条件，且田块完整性和耕作便利性优良；农业生产一般适宜区具备一定承载农业生产活动的资源环境综合条件，但田块完整性和耕作便利性一般；而农业生产不适宜区不具备承载农业生产活动的资源环境综合条件，或田块完整性和耕作便利性差。

（一）评 价 准 则

（1）根据农业承载能力等级确定不同等级适宜区的备选区域

适宜农业空间布局的区域首先应具备承载农业生产活动的资源环境综合条件，水土资源条件越好，生态环境对农业生产和一定规模的农村聚落布局的约束性越弱，气象灾害风险的限制性越低，农业生产适宜程度越高。按照农业承载能力等级，确定农业生产适宜区、一般适宜区的备选区域。

（2）确保田块大小形状能够满足基本农业生产需求

适宜农业空间布局的区域应具有一定平整度且连片程度较高。对适宜农业空间布局的备选区域进一步评价田块连片度，单个田块越大，田块连片度越高，农业生产适宜程度越高。

（3）结合农业生产便利度对农业生产生活的引导和支撑能力

适宜农业空间布局的区域应具有一定可达性或道路设施条件。田块可达性和田间道路配套条件越好，农业生产适宜程度也越高。

（4）兼顾现状农业生产格局

适宜农业空间布局的区域还应考虑现状农业发展状况，兼顾优化现状农业生产格局。对于粮食安全保障十分重要的区域，农业空间适宜程度可给予一定弹性，但不宜突破耕地应在坡度 25° 以下等刚性约束。

（二）评价指标及算法

1. 田块连片度

田块连片度主要表征适宜农业生产田块的规模及空间分异特征，通过具备农业承载能力的用地规模反映。选择农业生产适宜区、一般适宜区的备选区域，即农业承载能力等级为较低（Ⅱ）、中等（Ⅲ）、较高（Ⅳ）、高（Ⅴ）的区域，利用 GIS 软件的聚合工具，将备选区域中相对聚集或邻近的图斑聚合为相对完整的连片地块，聚合距离为 100m。

计算连片田块面积，按面积大小将田块连片度依次划分高、较高、一般、较低和低 5 个等级，分级参考阈值如表 5-1 所示。田块面积规模可结合区域特点适当调整。一般山地丘陵区分级标准可有所降低，但为保障耕作效率和农业机械化，田块形态应相对规整，需计算连片田块形状指数。计算公式如下：

$$[田块形状指数]=0.25\times[田块周长]/[田块面积]^{0.5} \quad (5.1)$$

对形状指数偏高的田块，应按照离心距离逐步降低其外围区域的连片度等级。

表 5-1　田块连片度评价分级参考阈值

田块面积（亩）	<1	1~5	5~10	10~20	≥20
田块连片度	低	较低	一般	较高	高

注：1 亩≈666.7m²

2. 耕作便捷度

耕作便捷度评价主要表征农业生产便利度对农业生产生活的引导和支撑能力，通过村镇聚落距离和田间道路距离集成反映。计算公式如下：

$$[耕作便捷度] = f([村镇聚落距离]，[田间道路距离]) \quad (5.2)$$

利用 GIS 软件计算现状村庄、城镇聚落距离，采用专家决策进行分类赋值，对评价单元的不同距离赋值。对于地形地貌复杂的区域，应考虑坡度和高程因素，对村镇聚落距离赋值结果进行修正。

同样，计算田间道路距离并赋值。还可加入田间道路条件、农村道路网分布、道路级别标准等因素，对田间道路距离赋值进行修正。

对村镇聚落距离、田间道路距离进行无量纲处理，建议评价值介于 0~1，并对以上数据进行加权求和作为耕作便捷度评价值。原则上两个指标权重相同，按其评价值的大小，依次划分为高、较高、中等、较低和低 5 个等级。但在实际操作中，可根据实际情况予以调整。

（三）评　价　步　骤

第一步：根据农业承载能力等级，确定农业生产适宜区、一般适宜区的备选区域。将农业承载能力等级高（Ⅴ）、较高（Ⅳ）的空间单元，作为农业生产适宜区的备选区域；将农业承载能力等级较高（Ⅳ）、中等（Ⅲ）、较低（Ⅱ）的空间单元，作为农业生产一般适宜区的备选区域；将农业承载能力低（Ⅰ）的空间单元，直接划定为农业生产不适宜区。

第二步：根据田块连片度初步确定农业生产适宜性等级。按照田块连片度与农业承载能力等级参考判别矩阵，进一步划分农业生产适宜区、一般适宜区和不适宜区（表5-2）。一般来说，永久基本农田的田块连片度不应低于一般等级。

表5-2　农业生产适宜性分区参考判别矩阵

农业承载能力等级 / 田块连片度	低	较低	一般	较高	高
高（Ⅴ）	不适宜	一般适宜	适宜	适宜	适宜
较高（Ⅳ）	不适宜	一般适宜	一般适宜	适宜	适宜
中等（Ⅲ）	不适宜	一般适宜	一般适宜	一般适宜	一般适宜
较低（Ⅱ）	不适宜	一般适宜	一般适宜	一般适宜	一般适宜
低（Ⅰ）	不适宜	不适宜	不适宜	不适宜	不适宜

第三步：根据耕作便捷度修正农业生产适宜性分区。对于耕作便捷度评价结果为低的地块，将初划适宜性分区结果均划分为不适宜区，而对结果为较低的地块，将初划结果下调一级。

第四步：按照适宜性结果评估农业生产格局及优化路径。编制农业生产适宜区、一般适宜区和不适宜区分布图、汇总表，分析3类区域的数量和面积、空间分布特征。通过3类区域与现状农业格局的叠加分析，结合资源环境承载能力评价，解析农业生产的调整方向、重点，提出优化路径与具体举措。

（四）注 意 事 项

计算田块连片度时，可根据田块破碎化程度和当地具体情况，适当调整聚合距离和最小地块规模。

国家级或省级商品粮基地和现状农业发展基础较好的一般适宜区，

可酌情调整为适宜区，但不能将不具备农业承载能力的地块调入一般适宜区或适宜区。

农业生产适宜性判别矩阵可根据评价区域实际状况进行调整，但原则上农业生产适宜区只在农业承载能力高、较高区域中划分；农业生产一般适宜区不在农业承载能力低的区域中划分。

六、城镇开发适宜性综合评价

城镇开发适宜性反映国土空间内从事城镇居民生产生活的适宜程度，城镇开发适宜性综合评价结果一般划分为城镇开发适宜区、一般适宜区和不适宜区 3 种类型。通常，城镇开发适宜区具备承载城镇建设活动的资源环境综合条件，且用地集中度和区位优势度优良；城镇开发一般适宜区具备一定承载城镇建设活动的资源环境综合条件，但用地集中度和区位优势度一般；而城镇开发不适宜区不具备承载城镇建设活动的资源环境综合条件，或用地集中度和区位优势度差。

（一）评价准则

（1）根据城镇承载能力等级确定不同等级适宜区的备选区域

适宜城镇空间布局的区域首先应具备承载城镇建设活动的资源环境综合条件，水土资源条件越好，生态环境对一定规模的人口与经济集聚的约束性越弱，地质灾害风险的限制性越低，城镇开发适宜程度越高。按照城镇承载能力等级，确定城镇开发适宜区、一般适宜区的备选区域。

（2）确保城镇空间具有一定规模和集中连片布局的条件

适宜城镇空间布局的区域应具有一定规模和集中连片布局的条件。对适宜城镇空间布局的备选区域进一步评价地块集中度，若地块集中度越高，集中连片性相对较好，城镇开发适宜程度越高。

（3）结合交通基础设施对国土开发的引导和支撑能力

适宜城镇空间布局的区域基础设施应具有一定网络化和干线（或通道）支撑条件。若基础设施网络密度和交通干线影响度越高，城镇空间发育和拓展潜力越大，城镇开发适宜程度也越高。

（4）兼顾战略区位因素和优化城镇开发建设格局

适宜城镇空间布局的区域还应考虑开发轴带、重要廊道等宏观格局中的门户区位、节点区位等区位条件，并兼顾优化、整合现状城镇开发建设格局。对于战略区位十分重要的区域，城镇开发适宜程度可给予一定弹性。

（二）评价指标及算法

1. 地块集中度

地块集中度主要表征适宜城镇开发区域的规模及空间分异特征，通过具备城镇承载能力的用地规模反映。对于城镇开发适宜区和一般适宜区的备选区域，即城镇承载能力等级为较低（Ⅱ）、中等（Ⅲ）、较高（Ⅳ）、高（Ⅴ）的区域，利用 GIS 软件将备选区域栅格数据转换为 shape 格式，通过聚合工具将相对聚集或邻近的图斑聚合为相对完整连片地块，聚合距离为 100m。

计算连片建设用地地块面积，按面积大小将地块集中度依次划分高、较高、一般、较低和低 5 个等级，分级参考阈值如表 6-1 所示。地块面积规模可结合区域特点适当调整。一般山地丘陵区分级标准可有所降低，但为保障地块形态相对集中，避免过度条带状拓展，需计算连片建设用地紧凑度。计算公式如下：

$$[用地紧凑度] = [连片建设用地面积]/[最小外切圆面积] \quad (6.1)$$

表6-1　地块集中度评价分级参考阈值

地块面积（km^2）	<0.25	0.25~0.5	0.5~1.0	1~2	≥2
地块集中度	低	较低	一般	较高	高

对连片适宜建设用地紧凑度偏低的地块，应按照离心距离逐步降低其外围区域的集中度等级。

2. 交通优势度

交通优势度评价主要表征交通基础设施对国土开发的引导、支撑和保障能力，通过区域基础设施网络发展水平、干线（或通道）支撑能力、交通区位优势集成反映。计算公式如下：

$$[交通优势度] = f([交通网络密度], [交通干线影响度], \\ [区位优势度]) \quad (6.2)$$

$$[交通网络密度] = [公路通车里程]/[区域土地面积] \quad (6.3)$$

$$[交通干线影响度] = \sum([地形系数] \times [交通干线技术水平])$$

$$(6.4)$$

$$[区位优势度] = [区位系数] \times [距中心城市的交通距离] \quad (6.5)$$

将公路网作为交通网络密度评价主体，公路网络密度为各评价单元（一般选择行政单元作为评价单元）的公路通车里程与其土地面积的比值。交通线路主要取高速公路、国道、省道和县道，县道以下交通线路可酌情计入分析范围，并在具体操作中根据评价单元等级和需要予以考虑。

依据交通干线的技术-经济特征，采用专家决策进行分类赋值，对评价单元不同交通干线的技术等级赋值后加权汇总，进而得到交通干线影响度。对于地形地貌复杂的区域，应考虑坡度和高程因素作为地形系数，对交通干线影响度评价结果进行修正。

区位优势度主要指由各评价单元与中心城市间的交通距离所反映的区位条件和优劣程度，其计算应根据各评价单元与中心城市的交通距离远近进行分级，并依此进行权重赋值。中心城市原则上取地级以上城市，在实际操作中可根据需要考虑新城新区或其他重要城市。此外，还应当考虑门户区位、节点区位、对外开放格局等战略区位系数，对区位优势度评价结果进行修正。

对交通网络密度、交通干线影响度和区位优势度 3 个要素指标进行无量纲处理，数据处理方法可根据评价需要择定，建议评价值介于 0 ~ 1，并对以上数据进行加权求和，计算省域内各单元的交通优势度，并按其评价值的高低，依次划分为高、较高、中等、较低和低 5 个等级。原则上 3 个指标权重相同，但在实际操作中，可根据本地情况予以调整。

（三）评 价 步 骤

第一步：根据城镇承载能力等级，确定城镇开发适宜区、一般适宜区的备选区域。将城镇承载能力等级高（V）、较高（IV）的空间单元，作为城镇开发适宜区的备选区域；将城镇承载能力等级较高（IV）、中等（III）、较低（II）的空间单元，作为城镇开发一般适宜区的备选区域；将城镇承载能力等级低（I）的空间单元，直接划定为城镇开发不适宜区。

第二步：根据地块集中度初步确定城镇开发适宜性等级。按照地块集中度与城镇承载能力等级，形成城镇开发适宜性分区参考判别矩阵，进一步划分城镇开发适宜区、一般适宜区和不适宜区（表6-2）。一般来说，县城及以上层级城镇布局的地块集中度应为高等级区间，而重点镇布局的地块集中度不应低于一般等级。

表6-2　城镇开发适宜性分区参考判别矩阵

地块集中度 城镇承载能力等级	低	较低	一般	较高	高
高（Ⅴ）	不适宜	一般适宜	适宜	适宜	适宜
较高（Ⅳ）	不适宜	一般适宜	一般适宜	适宜	适宜
中等（Ⅲ）	不适宜	不适宜	一般适宜	一般适宜	一般适宜
较低（Ⅱ）	不适宜	不适宜	一般适宜	一般适宜	一般适宜
低（Ⅰ）	不适宜	不适宜	不适宜	不适宜	不适宜

第三步：根据交通优势度修正城镇开发适宜性分区。对于交通优势度评价结果为低的地块，将初划适宜性分区结果均划分为不适宜区，而对结果为较低的地块，将初划结果下调一级。

第四步：按照适宜性结果评估城镇开发格局及优化路径。编制城镇开发适宜区、一般适宜区和不适宜区分布图、汇总表，分析3类区域的数量和面积、空间分布特征。通过3类区域与现状城镇格局的叠加分析，结合资源环境承载能力评价，解析城镇开发的调整方向、重点，提出优化路径与具体举措。

（四）注意事项

计算地块集中度时，可根据空间规划层级、图斑破碎化程度和当地具体情况，适当调整聚合距离和最小地块规模。省级层面评价聚合距离和最小地块规模可适当调高，市级、县级则适当调低。

对战略区位比较重要、交通优势度高的地块或现状城镇开发基础较好的一般适宜区，可酌情调整为适宜区，但不能将不具备城镇承载能力的地块调入一般适宜区或适宜区。

城镇开发适宜性判别矩阵可根据评价区域实际状况进行调整，但原则上城镇开发适宜区只在城镇承载能力高、较高区域中划分；城镇开发一般适宜区不在城镇承载能力低值区中划分。

七、附　则

（一）基础数据获取

基础数据是开展空间规划资源环境承载能力评价的重要保障，涉及的数据内容按属性包括土地资源类、水资源类、环境类、生态类、灾害类、气候气象类、海洋类、基础设施类及基础底图类数据。

获取基础数据时，应确保数据的权威性、准确性、时效性和可获得性。根据评价需要与要素属性确定数据精度，应采用权威部门发布的遥感监测、普查调查统计、地面监测及科学计算数据，数据时间一般以最新年度为准，图形数据一般应为 GIS 软件支持的矢量数据，统计数据一般应为 Access 或 Excel 软件支持的表格数据。基础数据清单详见表7-1。

（二）适用范围

本技术规程制定了资源环境承载能力和国土空间开发适宜性评价的技术流程、单项评价及指标算法、集成评价与综合方法等技术要点，主要适用于开展省级、市县级空间规划时的资源环境承载能力和国土空间开发适宜性评价工作。

若开展其他层级空间规划或其他空间性规划，需进行资源环境承载能力和国土空间开发适宜性评价工作的，可参照执行。

本技术规程的最终解释权归国家发展和改革委员会。

表 7-1   空间规划资源环境承载能力评价基础数据清单

数据类别	数据内容		备注
土地资源类	土地利用现状数据	全国第二次土地利用现状更新调查数据	数据时间一般以最新年度为准 图形数据一般应为 GIS 软件支持的矢量数据 统计数据一般应为 Access 或 Excel 软件支持的表格数据
	地形数据	全要素数字地形图	
水资源类	水资源量数据	降水量、水资源量（地表水、地下水）、过境河流径流量	
环境类	大气环境功能区划数据	大气环境功能区划及功能区目标浓度	
	水环境功能区划数据	水环境功能区划及功能区目标浓度	
生态类	土壤侵蚀数据	水力、风力侵蚀区域和强度分级数据	
	土地退化数据	沙漠化、石漠化、盐渍化等生态退化区域和强度分级数据	
	植被退化数据	森林退化率、草地退化率	
	生态功能区划数据	生态功能区划图	
	各类保护区数据	一级、二级水源涵养区分布图，自然保护区、森林公园、风景名胜区分布图	
灾害类	地震灾害数据	地震动参数区划图、地震活跃及地震断裂分布图	
	地质灾害数据	崩塌、滑坡、泥石流和地面塌陷等地质灾害发生频次及强度	
	气象灾害数据	干旱、洪涝、风暴潮、低温寒潮等气象灾害发生频次及强度	
气候气象类	气象数据	降水、气温、风速、日照时数、活动积温、相对湿度等	
海洋类	海洋资源数据	海岸线、滩涂、海洋渔业数据	
	海洋环境数据	海域环境质量监测数据	
	海洋生态数据	海洋生物多样性监测数据、海岛典型生境植被覆盖、各类海洋保护区数据	
	海洋功能区划	海洋功能区划图	
基础设施类	交通设施数据	公路、铁路、航空等交通基础设施的等级、里程数据	
	能源基础设施分布数据	能源生产基地分布数据、输变电设施分布数据	
基础底图类	行政区划数据	县（市、区）行政区划图和海域勘界、乡镇行政区划图	
	地表覆盖数据	全国地理国情普查地表覆盖数据	

附　　录

附录 A　资源环境承载能力和国土空间开发
适宜性评价结果汇总表制表规范

附表 A-1　××省（自治区、直辖市）生态保护等级评价结果汇总表

区域		高		较高		中等		较低		低	
		面积 （km²）	比例 （%）	面积 （km²）	比例 （%）	面积 （km²）	比例 （%）	面积 （km²）	比例 （%）	面积 （km²）	比例 （%）
××市	××区										
	××县										
	⋮										

附表 A-2　××省（自治区、直辖市）农业承载等级评价结果汇总表

区域		高		较高		中等		较低		低	
		面积 （km²）	比例 （%）	面积 （km²）	比例 （%）	面积 （km²）	比例 （%）	面积 （km²）	比例 （%）	面积 （km²）	比例 （%）
××市	××区										
	××县										
	⋮										

附表 A-3　××省（自治区、直辖市）城镇承载等级评价结果汇总表

区域		高		较高		中等		较低		低	
		面积 (km²)	比例 (%)	面积 (km²)	比例 (%)	面积 (km²)	比例 (%)	面积 (km²)	比例 (%)	面积 (km²)	比例 (%)
××市	××区										
	××县										
	⋮										

附表 A-4　××省（自治区、直辖市）生态保护优先序评价结果汇总表

区域		优先区		次优先区		一般区	
		面积 (km²)	比例 (%)	面积 (km²)	比例 (%)	面积 (km²)	比例 (%)
××市	××区						
	××县						
	⋮						

附表 A-5　××省（自治区、直辖市）农业生产适宜性评价结果汇总表

区域		适宜区		一般适宜区		不适宜区	
		面积 (km²)	比例 (%)	面积 (km²)	比例 (%)	面积 (km²)	比例 (%)
××市	××区						
	××县						
	⋮						

附表 A-6　××省（自治区、直辖市）城镇开发适宜性评价结果汇总表

区域		适宜区		一般适宜区		不适宜区	
		面积 (km²)	比例 (%)	面积 (km²)	比例 (%)	面积 (km²)	比例 (%)
××市	××区						
	××县						
	⋮						

附录 B 资源环境承载能力和国土空间开发适宜性评价成果制图图例、颜色与色值规范

附表 B-1 资源环境承载能力和国土空间开发适宜性评价成果制图图例、颜色与色值说明

内容	图例样式		CMYK 值	RGB 值
生态保护等级	高		78, 0, 100, 0	28, 179, 2
	较高		58, 0, 87, 0	105, 211, 89
	中等		30, 0, 38, 0	170, 255, 190
	较低		15, 0, 22, 0	214, 255, 213
	低		1, 6, 29, 0	255, 235, 190
农业承载能力等级	高		34, 84, 100, 46	109, 42, 15
	较高		5, 71, 100, 1	231, 107, 35
	中等		3, 29, 88, 0	247, 186, 61
	较低		1, 6, 56, 0	255, 232, 138
	低		15, 0, 22, 0	214, 255, 213
城镇承载能力等级	高		0, 100, 100, 0	189, 4, 38
	较高		0, 50, 30, 0	235, 157, 147
	中等		0, 20, 10, 0	251, 218, 213
	较低		0, 0, 30, 0	255, 250, 194
	低		15, 0, 30, 0	218, 235, 193
生态保护优先序	优先区		78, 0, 100, 0	28, 179, 2
	次优先区		58, 0, 87, 0	105, 211, 89
	一般区		15, 0, 22, 0	214, 255, 213
农业生产适宜性	适宜区		0, 40, 80, 0	250, 167, 74
	一般适宜区		0, 10, 70, 0	255, 224, 106
	不适宜区		2, 0, 27, 0	255, 254, 197
城镇开发适宜性	适宜区		0, 100, 100, 0	189, 4, 38
	一般适宜区		0, 50, 30, 0	235, 157, 147
	不适宜区		0, 20, 10, 0	251, 218, 213

注：表中所列评价成果的颜色填充值仅供参考，最终成果图颜色还需在绘制各类图件的过程中经过大量的制图试验后确定

市县空间规划资源环境承载能力
和国土空间开发适宜性评价方法指南

Assessment Guidelines for Resource and Environmental Carrying Capacity and Territorial Development Suitability

市县空间规划资源环境承载能力评价

Assessment Guidelines for Resource and Environmental Carrying Capacity and Territorial Development Suitability

引　言

资源环境承载能力评价是空间规划编制的重要基础性工作。中共中央、国务院印发的《生态文明体制改革总体方案》明确指出，空间规划编制前应当进行资源环境承载能力评价，以评价结果作为规划的基本依据。

为确保市县空间规划编制时资源环境承载能力评价的科学性、规范性和可操作性，特制定市县空间规划资源环境承载能力评价技术规程，指导各省（自治区、直辖市）开展市县空间规划资源环境承载能力评价工作。

本技术规程重点阐述市县空间规划资源环境承载能力评价的技术流程、单项评价及指标算法、集成评价与综合方法等技术要点，主要内容包括总则、单项评价、集成评价、附则 4 个部分。

一、总　　则

（一）基本概念

资源环境承载能力是承载人类生活生产活动的自然资源上限、环境容量极限和生态服务功能量底线的总和。

资源环境承载能力评价就是在自然环境不受危害或维系良好生态

系统的前提下，确定一定地域空间可以承载的最大资源开发强度与环境污染物排放量，以及可以提供的生态系统服务能力。面向空间规划编制的承载能力评价是国土空间开发适宜性评价的基础，是对自然资源和生态环境本底条件的综合评价。

（二）评价原则

尊重自然规律性。评价应体现尊重自然、顺应自然、保护自然的生态文明理念，充分考虑资源环境的客观约束，始终坚守自然资源供给上限和生态环境安全的基本底线。

把握评价整体性。评价应系统考虑区域资源环境构成要素，指标体系设计统一完整，综合集成反映要素间相互作用关系，客观全面地评价区域资源环境本底状况。

突出评价针对性。评价应凸显地理区位特征、资源环境禀赋等区域差异，因地制宜地选取评价因子、设置重要参数、确定分级阈值，力求避免评价方法盲目照搬。

注重评价操作性。评价应将定量评价与定性评价相结合，合理利用评价技术提供的弹性空间，并与部门工作基础充分衔接，确保评价数据可获取、评价方法可操作。

（三）技术流程

遵循资源环境承载能力评价原则，遴选土地资源、水资源、环境、生态、灾害及滨海地区的海洋要素，采用土地可利用度、水资源丰度、环境纳污能力、生态本底特征值、灾害危险性、海域承载能力特征值指标进行单项评价，在此基础上集成评价资源环境承载能力，综合识别承载能力的强弱等级。具体技术路线如图 1-1 所示。

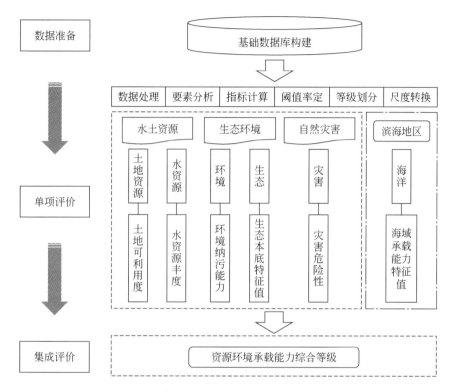

图 1-1　资源环境承载能力评价技术路线图

二、单项评价

（一）土地资源评价

土地资源评价主要表征区域土地资源对人口和经济集聚、农业与城镇发展的支撑能力，采用土地可利用度作为评价指标，通过坡度与高程综合反映。

1. 评价方法

$$[土地可利用度]=f([坡度],[高程]) \qquad (2.1)$$

[土地可利用度] 是指用于农业发展、城市建设的土地资源可利用程度, 受 [坡度] 和 [高程] 条件的影响, 同时应扣除不可利用地类, 如水域、沙漠、戈壁等。

2. 评价步骤

第一步: 图件制备与叠加处理。将数字地形图转换为栅格图, 栅格大小可根据实际情况确定。将数字地形图、土地利用图进行投影转换, 对每幅图进行修边处理, 再将所有已匹配、修边图件叠加生成叠加复合图, 供数据提取和空间分析使用。

第二步: 地形要素空间分析。基于数字地形图, 计算栅格单元的坡度, 按<3°、3°~8°、8°~15°、15°~25°、>25°生成坡度分级图。各地可根据地形地貌特点, 结合垂直地带性林草界线、农牧界线、种植业熟制等确定高程分级阈值, 全国层面按<500m、500~1000m、1000~2000m、2000~3000m、>3000m生成高程分级图。

第三步: 土地可利用度评价与分级。以坡度分级结果为基础, 结合高程、土地利用现状, 将土地可利用度划分为高、较高、中等、较低、低5种类型。如高程在2000~3000m的, 应将坡度分级降1级作为土地可利用度等级; 高程>3000m的, 应将坡度分级降2级作为土地可利用度等级; 当现状土地利用类型为水域、戈壁、沙漠的, 土地可利用度一般应作为低等级。在栅格单元评价基础上, 按照土地可利用度高值区面积比例, 利用分级赋分加权平均等方法, 确定行政单元的土地可利用度等级。

3. 评价成果

综合评价: 分析区域地形、地貌特点及其对土地可利用度的影响; 编制土地可利用度空间分布图、统计表, 刻画土地资源可利用程度的空间分异特征。

单要素评价：对高程、坡度、土地利用类型等要素进行评价，编制要素分级评价图、统计表。

（二）水资源评价

水资源评价主要表征区域水资源对人口和经济集聚、农业与城镇发展的支撑能力，采用水资源丰度作为评价指标，通过当地水资源与过境水资源的丰富程度综合反映。

1. 评价方法

$$[水资源丰度]=f([降水量], [过境水资源量]) \qquad (2.2)$$
$$[过境水资源量]=\max([过境河流年径流量]) \qquad (2.3)$$

［过境河流年径流量］是指过境河流的多年平均径流量，评价中选择年径流量最大的河流来描述过境水资源丰富程度，对于未流经评价单元，但空间距离较近、具备用水条件的河流，评价中仍可以视为过境河流。

2. 评价步骤

第一步：降水量评价。收集整理区域内与邻近地区气象站的长期（一般应大于 30 年）观测资料，计算各气象站多年平均降水量。运用 GIS 进行空间插值，得到栅格尺度年降水量，一般可按照 >1600mm、800～1600mm、400～800mm、200～400mm、<200mm 划分为很湿、湿润、半湿润、半干旱、干旱 5 个等级。

第二步：过境水资源量评价。计算区内主要河流径流量的多年平均值，并按径流量划分等级，一般可按照>1000 亿 m^3、300 亿～1000 亿 m^3、100 亿～300 亿 m^3、10 亿～100 亿 m^3、<10 亿 m^3 划分为过境河流流量很大、大、较大、一般、较小 5 个等级；选择过境河流中径流量最大的河流，取其评价分级作为评价单元的分级结果。

第三步：水资源丰度评价与分级。根据降水量、过境水资源量两项指标的分级结果，确定水资源丰富、较丰富、一般、较不丰富、不丰富5个等级。一般以两项指标中相对较好的分级结果为准，也可根据当地实际情况确定。

第四步：针对特殊地理条件的辅助性评价。当评价单元内地域分异显著，区域利用过境水资源的便利程度有较大差异时，可选择河流距离、提水高程等要素作为补充性指标，综合评估过境水资源丰富程度与利用条件。

3. 评价成果

综合评价：分析区域降水、蒸发、径流等水文要素特点及其对水资源丰度的影响；编制水资源丰度空间分布图、统计表，刻画水资源丰富程度的空间分异特征。

单要素评价：对降水量、过境水资源量等要素进行评价，编制要素分级评价图、统计表。

（三）环　境　评　价

环境评价主要表征区域环境可为人类生活生产活动提供的最大污染物消纳能力，采用环境纳污能力作为评价指标，通过区域大气环境与水环境的主要污染物排放限值综合反映。

1. 评价方法

$$[环境纳污能力]=f([大气环境污染物排放限值],$$
$$[水环境污染物排放限值]) \quad (2.4)$$
$$[大气环境污染物排放限值]=[大气环境区域总量控制系数]$$
$$\times[规定年日平均浓度]\times[大气环境功能区面积] \quad (2.5)$$
$$[水环境污染物排放限值]=[水环境功能区目标浓度]$$
$$\times[可利用地表水资源量]+[污染物综合降解系数]$$
$$\times[可利用地表水资源量]\times[水环境功能区目标浓度] \quad (2.6)$$

[大气环境污染物排放限值] 以二氧化硫（SO_2）、二氧化氮（NO_2）、颗粒物（PM_{10}、$PM_{2.5}$）等主要污染物为评价对象；[水环境污染物排放限值] 以化学需氧量（COD）、氨氮（$NH_3\text{-}N$）等主要污染物为评价对象；[大气环境区域总量控制系数] 可参照《制定地方大气污染物排放标准的技术方法》（GB/T 13201—91）中各地区总量控制系数进行确定；[水环境功能区目标浓度] 可根据水环境功能区类别，按照国家或者地方关于水环境质量标准中所规定的相应目标浓度得到。

2. 评价步骤

第一步：污染物排放限值计算。按照环境功能区划定基础评价单元，确定环境功能区内的污染物目标浓度，计算污染物年允许排放限值。环境功能区以地级区划为基础，可结合县级区划方案进行细分。

第二步：大气环境和水环境评价。按照排放限值自然分布规律，将各种大气和水污染物排放限值划分为高、中、低 3 个等级，并通过等级分布图空间叠加，分别确定大气和水环境污染物排放限制高、中、低等级。

第三步：环境纳污能力评价与分级。将大气和水环境污染物排放限值的高、中、低等级分别赋予 5 分、3 分、1 分，并将两者平均值作为环境纳污能力得分，根据分值高低划分环境纳污能力强、较强、中等、较弱、弱 5 个等级。

3. 评价成果

综合评价：分析气象、水文、地形等因素对区域污染物扩散及环境纳污能力的影响；编制环境纳污能力评价图、统计表，刻画区域环境综合纳污能力的空间分异特征。

单要素评价：对主要大气、水环境污染物排放限值进行要素评价，编制要素分级评价图、统计表。

（四）生 态 评 价

生态评价主要表征自然生态系统的本底条件，采用生态本底特征值作为评价指标，通过区域水热条件和地形地貌特征综合反映。

1. 评价指标

$$[生态本底特征值]=f([湿润系数]，[活动积温]，$$
$$[高程]，[地貌类型]) \qquad (2.7)$$
$$[湿润系数]=[年降水量]/[参考作物蒸散发量] \qquad (2.8)$$

[湿润系数] 是指 [年降水量] 和 [参考作物蒸散发量] 的比值，[年降水量] 可通过气象站观测资料获取，[参考作物蒸散发量] 可用 Penman-Monteith 公式计算，或用气象站点蒸发量观测值替代；[活动积温] 是指一年内日平均气温≥10℃持续期间日平均气温的总和。

2. 评价步骤

第一步：单项要素分级评价。按照表 2-1 分级参照阈值，分别对湿润系数（w）、活动积温（t）、高程（h）、地貌类型（l）进行分级，生成 4 幅单要素分级评价图。原则上按 5 级分级评价，其中的阈值可结合区域自身状况做相应的调整。

表 2-1　生态本底特征值评价指标分级参照阈值

评价指标	分级阈值（参考）	赋值	备注
湿润系数	≤0.05	1	从小到大的赋值大致对应极干旱、干旱、半干旱、亚湿润干旱和湿润各气候类型；植被类型上大致对应沙漠戈壁、荒漠草原/草原/草甸草原、森林草原/草甸/灌木、森林、雨林
	0.05～0.20	2	
	0.20～0.50	3	
	0.50～0.65	4	
	>0.65	5	

评价指标	分级阈值（参考）	赋值	备注
活动积温（℃）	<4500	1	从小到大的赋值大致对应温带、北亚热带、中亚热带、南亚热带、热带各气候类型；植被上大致对应针叶林/落叶阔叶林/草原草甸、亚热带季雨林/常绿阔叶林、常绿阔叶林/马尾松、热带亚热带常绿阔叶林、热带季雨林/雨林
	4500～5300	2	
	5300～6400	3	
	6400～8000	4	
	>8000	5	
高程（m）	>3000	1	高程的分级旨在能够相对清晰地反映评价区域生态系统的垂直分异特征，可参照当地水热条件和植被类型的垂直带谱进行符合实际的值域划分和分级
	2000～3000	2	
	1000～2000	3	
	500～1000	4	
	<500	5	
地貌类型	戈壁沙漠	1	戈壁沙漠为地貌分类中划定的相应类型，山地一般相对高差500m以上，丘陵一般相对高差500m以下，平地一般包括盆地、谷地、台地，滨海平原指沿海地区高程200m以下的平地
	山地	2	
	丘陵	3	
	平地	4	
	滨海平原	5	

第二步：单项要素分级图叠加。依据单项要素分级评价数据，进行生态本底特征值集成。各评价单元生态本底特征值集成方法可采用：[生态本底特征值]=$(w{\times}t+w{\times}h+w{\times}l+t{\times}h+t{\times}l+h{\times}l)/2$，也可采用求平均值的方法，但计算结果要便于下一步综合评价分级。

第三步：生态本底特征值分级。根据评价单元生态本底特征值，结合评价区域实际情况，选取合适的分级阈值，将生态本底划分为好、较好、一般、较差、差5个等级。

3. 评价成果

综合评价：分析水文、气象、地形、地貌等因素对生物生长及生态本底的影响；编制生态本底特征值评价图、统计表，刻画区域生态本底条件的空间分异特征。

单要素评价：对湿润系数、活动积温、高程、地貌类型进行要素评价，编制要素分级评价图、统计表。

（五）灾害评价

灾害评价主要表征自然灾害发生的可能性及其强度，采用灾害危险性作为评价指标，通过地震灾害、地质灾害、洪涝灾害、风暴潮灾害等自然灾害发生的频次及强度综合反映。

1. 评价方法

$$[灾害危险性] = \max([地震灾害危险性], [地质灾害危险性],$$
$$[洪涝灾害危险性], [干旱灾害危险性],$$
$$[风暴潮灾害危险性], \cdots) \tag{2.9}$$

2. 评价步骤

第一步：自然灾害灾种选择。根据区域自然灾害类型特点，遴选对社会经济发展有重要限制作用的灾种，一般应包括地震、地质灾害、洪涝、干旱和风暴潮，部分地区可补充低温冷冻、暴风雪等灾种。

第二步：单项灾种危险性评价。收集整理各类自然灾害历史资料，根据灾害发生频率与强度，评价单项灾种危险性。对于有研究或规划成果可供参考的，应在相关成果基础上进行，如洪涝灾害危险性评价可在洪涝风险图研究基础上进行。

第三步：灾害危险性评价与分级。将单项灾种危险性评价结果，参考表2-2对应到灾害危险性等级。对于有多个致灾因子的区域，选择灾害危险性等级最高的致灾因子结果作为评价结果，将灾害危险性划分为极大、大、较大、略大、无5个等级。

表 2-2　灾害危险性分级参照阈值

灾害危险性	地震灾害 (地震动峰值加速度)	地质灾害	洪涝灾害	风暴潮	……
极大	≥0.4	极重度			
大	0.3	重度	最严重		
较大	0.2	中度	严重	高危区	
略大	0.1~0.15	轻度	一般		
无	0~0.05	微度	小/最小		

3. 评价成果

综合评价：分析水文、气象、地质条件对灾害危险性的影响；编制灾害危险性评价图、统计表，刻画区域灾害危险性空间分异特征。

单要素评价：对地震、地质灾害、洪涝、干旱、风暴潮等灾害进行单要素评价，编制要素分级评价图、统计表。

（六）海 洋 评 价

海洋评价主要表征滨海地区的海洋资源环境对人类生活生产活动的支撑能力，采用海域承载能力特征值作为评价指标，通过近海岸滩可利用度和海域自净能力指标集成反映。

1. 评价方法

$$[海域承载能力特征值]=f([近海岸滩可利用度]，[海域自净能力]) \tag{2.10}$$

$$[近海岸滩可利用度]=\min([岸线资源可利用度]，$$
$$[滩涂资源可利用度]) \tag{2.11}$$

$$[岸线资源可利用度]=1-[海洋类保护区内的岸线长度]$$
$$/[岸线总长度] \tag{2.12}$$

$$[滩涂资源可利用度]=1-[海洋类保护区内的滩涂面积]$$
$$/[滩涂总面积] \tag{2.13}$$

2. 评价步骤

第一步：测算近海岸滩可利用度等级。在扣除海洋类保护区内的岸线和滩涂资源基础上，运用式（2.12）和式（2.13）分别将岸线资源和滩涂资源的可利用度分为高、中、低 3 个等级，一般取两者的最低值集成为近海岸滩可利用度等级。

第二步：测算海域自净能力等级。以近岸海域自身的物理净化能力为主，考虑水交换能力、风力、环流等因素，将近岸海域自净能力分为高、中、低 3 个等级，也可采用箱式模型、对流扩散模型、水动力学模型等方法，在自净容量模拟测算的基础上进行分级评价。

第三步：根据近海岸滩可利用度和海域自净能力等级的组合特征进行综合评估，将海域承载能力特征值划分为高、较高、中等、较低和低 5 个等级。一般来说，可参照表 2-3 进行综合判别，也可结合滨海地区海洋资源环境特点，确定要素权重，计算综合指数分级。

表 2-3　海域承载能力特征值等级的参照判别矩阵

海域自净能力 近海岸滩可利用度	高	中	低
高	高	较高	中等
中	较高	中等	较低
低	中等	较低	低

第四步：针对特殊海洋资源环境问题的辅助性评价。对于滨海地区风暴潮、海啸、赤潮等海洋灾害频发海域，可增加海洋灾害危险性因子进行评价，并考虑将其纳入海域承载能力评价。

3. 评价成果

综合评价：分析海陆区位、气象条件、海底地形地貌对海域承载能力的影响；编制海域承载能力特征值评价图、统计表，刻画海域承载能力空间分异特征。

单要素评价：对岸线资源可利用度、滩涂资源可利用度、海域自净能力等进行单要素评价，编制要素分级评价图、统计表。

三、集 成 评 价

（一）集 成 准 则

集成评价基于单项评价的分级结果，综合划分资源环境承载能力等级，表征国土空间对城市建设、农业发展等生活生产活动的综合支撑能力。资源环境承载能力按取值由高至低可划分为强、较强、中等、较弱、弱 5 个等级。集成评价应遵循的基本准则如下：

——承载能力高值区应具备较好的水土资源基础，即同时要求土地资源、水资源均具有较好的支撑能力。

——承载能力高值区还应具备较好的生态环境条件，即同时要求环境纳污能力较强、生态本底特征值较高。

——承载能力受到自然灾害和海域承载能力一定程度的制约作用，即灾害危险性较高或海域承载能力特征值较低的区域，资源环境承载能力受到限制。

（二）集 成 方 法

资源环境承载能力按如下公式进行综合集成：

$$[资源环境承载能力] = f([水土资源基础]，[生态环境条件]，$$
$$[灾害危险性]，[海域承载能力特征值])$$

$$(3.1)$$

$$[水土资源基础] = \min([土地可利用度], [水资源丰度]) \quad (3.2)$$
$$[生态环境条件] = \min([环境纳污能力], [生态本底特征值])$$
$$(3.3)$$

（三）集 成 步 骤

第一步：单项评价结果标准化。将单项评价结果进行标准化分级赋值，1分为最低等级，5分为最高等级。其中，土地可利用度、水资源丰度、环境纳污能力、生态本底特征值为承载类指标，分值越大，承载能力越强；灾害危险性为限制类指标，分值越大，承载能力越弱。

第二步：单项指标复合分析。为保证单项评价成果在空间尺度上的统一，分析以栅格图为底图。栅格大小可参照土地资源评价成果，县域尺度可采用30～50m栅格。对于以行政区为评价单元的指标，可将其评价结果均值化转换为自然单元。完成尺度转换后，将5个单项指标的评价结果叠加，生成复合图，供集成评价使用。

第三步：集成评价。根据式（3.2）和式（3.3）分别计算水土资源基础、生态环境条件两项指标，并根据集成评价参照矩阵（表3-1），初步划分承载能力综合等级。在此基础上，进一步纳入灾害危险性指标，

表3-1 资源环境承载能力集成评价参照矩阵

水土资源基础 / 生态环境条件	1（差）	2（较差）	3（一般）	4（较好）	5（好）
5（好）	较弱	中等	较强	强	强
4（较好）	较弱	中等	较强	强	强
3（一般）	弱	较弱	中等	较强	较强
2（较差）	弱	弱	较弱	中等	中等
1（差）	弱	弱	弱	较弱	较弱

对初步评价结果进行修正。修正准则包括：对于初步评价结果为承载能力强和承载能力较强，但灾害危险性极大或海域承载能力特征值弱的区域，将其划为承载能力中等；对于初步评价结果为承载能力强，但灾害危险性大的区域或海域承载能力较弱的区域，将其划分为承载能力较强。

第四步：尺度转换。评价成果为自然单元尺度的栅格图，可根据高值区的面积大小、面积比例或通过加权平均方法，划分行政区尺度的资源环境承载能力等级。

（四）集 成 结 果

刻画资源环境承载能力空间分布格局。编制资源环境承载能力等级分布图、汇总表，分析承载能力强、较强、中等、较弱、弱5个等级区域的数量和面积，分析承载能力等级的空间分布特征，总结海陆位置、功能分区、流域分布等地理背景下资源环境承载能力的基本规律。

解析资源环境承载能力限制性因素。通过资源环境承载能力综合等级与单项评价结果叠加分析，刻画不同承载等级下的水–土资源、水资源–环境、环境–生态等要素间组合特征，特别是对承载能力弱和较弱的区域，根据5个单项指标及其构成要素的分级结果，运用短板原理识别承载能力限制性要素。

四、附　　则

（一）基础数据获取

基础数据是开展资源环境承载能力评价的重要保障，涉及的数据内容按属性分为土地资源类、水资源类、环境类、生态类、灾害类、气候气象类、海洋资源环境类以及基础底图类数据。

　　基础数据获取时，应确保数据的权威性、准确性、时效性及可获得性。根据评价需要与要素属性确定数据精度，应采用权威部门生产的遥感监测、普查调查统计、地面监测及科学计算数据，数据时间一般以最新年度为准，图形数据一般应为 GIS 软件支持的矢量数据，统计数据一般应为 Access 或 Excel 软件支持的表格数据。

　　基础数据清单详见附录。

（二）成果表达形式

　　资源环境承载能力评价成果主要包括评价报告、评价图件及评价数据表，三者共同构成成果表达的统一整体，缺一不可。

1. 评价报告

　　评价报告是对资源环境承载能力评价的技术路线、评价过程、评价结果的系统表述。评价报告应扼要说明评价的主要步骤和关键技术问题，重点阐述评价形成的核心结论与基本判断，并对国土空间开发与空间规划编制的提出建议与举措，还应对评价中遇到的技术疑难问题及解决办法进行特别说明。评价报告要表述清晰、概括全面、观点鲜明、结论准确。

2. 评价图件

　　评价图件是用图纸形式表达资源环境承载能力的评价内容。评价图件一般包括概貌与基础图、现状分析图、评价成果图等系列。概貌与基础图对区位、行政区划、地形地貌等内容进行绘制；现状分析图对水土资源现状、生态环境格局、海洋资源环境等内容进行绘制；评价成果图对单项评价、集成评价内容进行绘制。图面内容应完整、明确、清晰、美观。

评价图件采用自然地理单元与行政区划单元相结合的方式进行表达，一般采用行政边界和地形图作为底图。根据评价范围确定制图精度，一般省（自治区、直辖市）采用 1∶25 万 ~ 1∶10 万比例尺；新疆、内蒙古、西藏等面积较大的地区可采用 1∶50 万比例尺；北京、天津、上海、海南、宁夏等面积较小的地区可采用 1∶10 万 ~ 1∶5 万比例尺。

3. 评价数据表

评价数据表是用表格形式表达资源环境承载能力的评价内容，对重要参数、阈值等在功能分区和行政区划单元下进行分解细化。评价数据表主要包括现状数据集、单项评价数据集、集成评价数据集等系列。数据表汇编内容应层次鲜明、简洁明了、清晰美观。

此外，可面向评价工作与未来监测预警需要，建立集时空数据库管理、方案模拟、情景演示、动态评估的技术支撑平台，应用于资源环境承载能力评价成果可视化表达和监测预警。

（三）组 织 方 式

资源环境承载能力评价按照政府部门组织、专家咨询指导、科研机构实施的组织方式开展，并形成评价领导小组、专家咨询组和评价实施组共同组成的组织架构。

评价领导小组由政府部门人员构成，具体包括省级分管发展建设的行政领导、省级主管部门会同有关部门负责人员，主要负责协调解决评价实施过程中的重大问题。评价领导小组下设领导小组办公室，负责具体组织并监督评价实施工作。

专家咨询组由资源环境和区域发展领域的知名学者专家构成，主要负责评价实施过程的技术指导和质量把关，对阶段性成果和最终成果进行评审和验收。

评价实施组由科研机构的技术人员构成，技术人员应为从事相关领域的专业技术骨干，主要负责开展基础研究、实施评价工作、形成评价成果等。

（四）适 用 范 围

本技术规程制定了资源环境承载能力评价的技术流程、单项评价及指标算法、集成评价与综合方法等技术要点，主要适用于市县空间规划编制时进行的资源环境承载能力评价工作。

在开展其他性质和尺度的空间规划时，需进行资源环境承载能力评价工作的，可参照执行。

本技术规程的最终解释权归国家发展和改革委员会。

附　　录

市县空间规划资源环境承载能力评价
基础数据清单

附表　市县空间规划资源环境承载能力评价基础数据清单

数据类别		数据内容	备注
土地资源类	土地利用现状数据	全国第二次土地利用现状更新调查数据	
	地形条件数据	数字地形图	
水资源类	水资源量数据	三级流域水资源总量（地表水、地下水），过境河流年径流量	
环境类	大气环境功能区划数据	大气环境功能区划及功能区目标浓度	
	水环境功能区划数据	水环境功能区划及功能区目标浓度	
生态类	植被类型分布数据	植被类型分布图	数据时间一般以最新年度为准
灾害类	地震灾害数据	地震动峰值加速度	图形数据一般应为GIS软件支持的矢量数据
	地质灾害数据	崩塌、滑坡、泥石流和地面塌陷等地质灾害发生频次及强度	统计数据一般应为Access或Excel软件支持的表格数据
	气象灾害数据	干旱、洪涝、风暴潮、低温寒潮等气象灾害发生频次及强度	
气候气象类	气象数据	降水、气温、风速、日照时数、活动积温、相对湿度等	
海洋资源环境类	海洋功能区划数据	海洋类保护区范围	
	海洋空间资源数据	近海岸线、滩涂分布图	
	海洋环境动力数据	海底数字地形图，风力、环流监测数据	
基础底图类	行政区划数据	县（市、区）行政区划图和海域勘界，乡镇行政区划图	

市县空间规划
国土空间开发适宜性评价

引　言

国土空间开发适宜性评价是国土空间开发格局优化的重要前提，是空间规划编制的基础性工作之一。《关于健全省域空间规划体系的指导意见和试点方案》明确指出，空间规划编制应当以国土空间开发适宜性评价作为基本依据。

为确保市县空间规划国土空间开发适宜性评价的科学性、规范性和可操作性，特制定市县空间规划国土空间开发适宜性评价技术规程，指导各省（自治区、直辖市）开展市县空间规划国土空间开发适宜性评价工作。

本技术规程重点阐述市县空间规划国土空间开发适宜性评价的技术流程、单项评价及指标算法、集成评价与综合方法等技术要点，主要内容包括总则、单项评价、适宜性评价、附则4个部分。

一、总　　则

（一）基 本 概 念

国土空间开发适宜性是确定国土空间开发与保护功能类型的基础。国土空间开发适宜性评价就是在资源环境承载潜力和社会经济发展基础评价的基础上，对城镇、农业、生态等各类开发与保护功能的适宜程度进行综合评价。

面向空间规划编制的国土空间开发适宜性评价，以合理划定城镇空间、农业空间和生态空间，形成国土空间开发布局总图为主要目标，为国土空间开发与保护格局的优化调整提供科学依据。

（二）评 价 原 则

尊重自然和经济规律。评价应树立尊重自然、顺应自然、保护自然理念，充分考虑资源环境本底与承载潜力，并遵循社会经济发展现状和趋势，确保社会经济效益与生态环境效益统一。

均衡发展和保护关系。评价应坚持发展和保护相协调，将保护作为发展的基本前提，坚守自然资源供给上限、粮食安全与生态环境安全的基本底线，力求塑造安全、有序、可持续的空间格局。

兼顾刚性和弹性约束。评价应遵循部门红线及相关行业标准和规范中的刚性规定，并合理利用本技术规程中预留的弹性空间，因地制宜地选取评价因子、设置重要参数、确定分级阈值。

注重横向和纵向协调。评价应重视区域内不同功能的空间协调，加强与邻近区域的功能衔接，考虑滨海地区陆海统筹，并满足主体功能区规划等上位规划的功能定位和开发强度管制要求。

（三）技 术 流 程

在资源环境承载能力评价的基础上，遵循国土空间开发适宜性评价原则，以定量方法为主，以定性方法为辅，评价过程中应确保数据可靠、运算准确、操作规范以及统筹协调。技术流程如下。

第一步：从资源环境承载潜力、社会经济发展基础两个维度构建国土空间开发适宜性评价指标体系。

第二步：采用后备适宜用地潜力、水资源开发利用潜力、环境胁迫度、生态敏感度、灾害风险度及滨海地区的海域开发利用潜力指标，分别评价土地资源、水资源、环境、生态、灾害、海洋6项资源环境承载潜力要素。

第三步：采用人口集聚水平、城镇建成区发展状态、经济综合发展水平、交通优势度及能源保障度指标，分别评价人口集聚、城镇建设、经济发展、交通优势、能源保障5项社会经济发展基础要素。

第四步：基于上述单项评价结果，结合功能属性分别对城镇空间、农业空间和生态空间适宜性进行分类评价，在此基础上综合集成，划定城镇空间、农业空间和生态空间适宜区范围。

具体技术路线如图1-1所示。

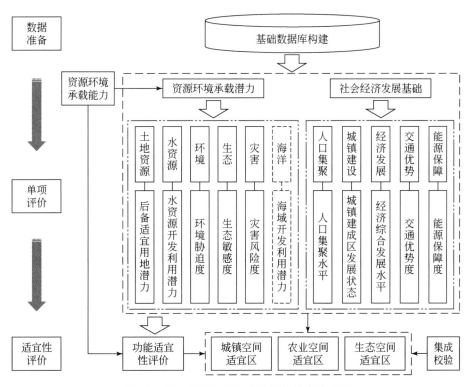

图1-1 国土空间开发适宜性评价技术路线图

二、单 项 评 价

（一）资源环境承载潜力评价

1. 土地资源评价

土地资源评价主要表征区域土地资源承载未来人口与产业集聚、新型城镇化建设的能力，采用人均后备适宜用地潜力作为评价指标，通过可利用土地扣除已利用部分的人均数量来反映。

（1）评价方法

$$[人均后备适宜用地潜力] = [后备适宜用地潜力] / [常住人口] \tag{2.1}$$

$$[后备适宜用地潜力] = [可利用土地] - [已有建设用地面积] - [基本农田面积] \tag{2.2}$$

$$[可利用土地] = ([坡度] \cap [高程]) - [所含河湖库等水域面积] - [所含沙漠戈壁面积] \tag{2.3}$$

$$[已有建设用地面积] = [城镇用地面积] + [农村居民点用地面积] + [独立工矿用地面积] + [交通用地面积] + [特殊用地面积] + [水利设施建设用地面积] \tag{2.4}$$

$$[基本农田面积] = [[可利用土地]内的耕地面积] \times \beta \tag{2.5}$$

[坡度] $\cap$ [高程] 是指特定坡度与高程条件下的地域面积；[所含河湖库等水域面积]、[所含沙漠戈壁面积] 是指特定坡度与高程条件下地域内的水域面积、沙漠戈壁面积；β 的取值范围为 [0.8，1)。

（2）评价步骤

第一步：图件制备与叠加处理。将数字地形图转换为栅格图，栅格大小可根据实际情况确定。将数字地形图、土地利用图、行政区划图进行投影转换，对每幅图进行修边处理，再将所有已匹配、修边图件叠加生成叠加复合图，供数据提取和空间分析使用。

第二步：可利用土地评价。基于数字地形图，计算栅格单元的坡度，按<3°、3~8°、8~15°、15~25°、>25°生成坡度分级图。各地可根据地形、地貌特点，结合垂直地带性林草界线、农牧界线、种植业熟制等确定高程阈值，全国层面按<500m、500~1000m、1000~2000m、2000~3000m、>3000m生成高程分级图。一般可取高程在2000m以下且坡度小于15°的，或高程在2000~3000m且坡度小于8°的，或高程在3000m以上且坡度小于3°的土地为可利用土地，也可根据研究区实际情况确定阈值。

第三步：人均后备适宜用地潜力计算与分级。基于确定的可利用土地范围，叠加土地利用现状图，计算后备适宜用地潜力及其人均值。按人均后备适宜用地潜力大小，结合后备适宜用地潜力规模，将土地资源划分为丰富、较丰富、中等、较缺乏、缺乏5种类型，分级阈值可参考表2-1。

表2-1　后备适宜用地潜力分级的参考阈值

等级	人均后备适宜用地潜力（亩/人）	后备适宜用地潜力（km²）
丰富	>2	>320
较丰富	2~0.8	320~150
中等	0.8~0.3	150~100
较缺乏	0.3~0.1	100~50
缺乏	<0.1	<50

（3）评价成果

总体评价：评价后备适宜用地的数量结构、质量特征和空间分布，以及未来后备适宜用地潜力。阐明区域土地资源严重紧缺问题及其成因，对土地资源供需矛盾尖锐地区进行解释。编制人均后备适宜用地潜力分布图、统计表，刻画土地资源开发潜力的空间格局。

单要素评价：概括并评价可利用土地的数量、质量及空间分布特征；评价已有建设用地数量、构成，以及各类建设用地空间分布格局及存在问题等。编制可利用土地数量、已有建设用地评价图和基本农田分布图。

2. 水资源评价

水资源评价主要表征区域水资源条件对未来人口与产业集聚、新型城镇化建设的支撑能力，采用人均水资源开发利用潜力作为评价指标，通过用水总量控制指标扣除现状用水量的人均值来反映。

（1）评价方法

$$[人均水资源开发利用潜力] = [水资源开发利用潜力]/[常住人口] \tag{2.6}$$

$$[水资源开发利用潜力] = [用水总量控制指标] - [用水量] \tag{2.7}$$

［用水总量控制指标］是指水资源管理"三条红线"中的用水总量控制指标，省、市、县级行政区指标由各级政府部门分解得到。

（2）评价步骤

第一步：数据收集与处理。用水总量控制指标选择距离评价基准年最近的未来年度数据，用水量、常住人口选择评价基准年或最新年度数据。用水量是指各类用水户取用的包括输水损失在内的毛水量之和，按生活、工业、农业和生态环境四大类用户统计，不包括海水直接利用量，部分地区不包括雨水、再生水利用量，具体与各地区用水总量控制指标的统计口径保持一致。

第二步：指标计算与分级。计算人均水资源开发利用潜力指标，并划分等级，一般可按照>100m³、50~100m³、20~50m³、0~20m³、<0m³，划分为水资源适宜性高、较高、中等、较低、低5种类型。

第三步：针对自然单元的辅助性评价。水资源管理"三条红线"一般只分解到县级行政单元，对于县域单元较大、水资源适宜程度空间分异较大的地区，可选择降水量、水源（河流、水库、渠系）距离、供水设施完善程度、供水保障率等要素，作为补充性指标，评估自然单元尺度的水资源适宜性。

（3）评价成果

总体评价：评价区域水资源、水资源利用状况及其时空特征，分析区域水资源供需平衡关系。阐释区域水资源短缺问题及其成因，对水资源供需矛盾突出的地区加以解释。编制人均水资源利用潜力的分布图、统计表，刻画水资源利用潜力的空间格局。

单要素评价：对区域水资源、水资源利用、用水指标、用水总量控制指标等单要素进行评价，阐释其数量、构成、空间分布格局及存在的问题。编制单要素分级评价图、统计表。

3. 环境评价

环境评价主要表征区域环境容量对人类生活生产活动的支撑能力，采用环境胁迫程度作为评价指标，通过主要大气、水污染物排放量与环境纳污能力的对比反映。

（1）评价方法

$$[环境胁迫程度] = f([大气环境容量超载指数],$$
$$[水环境容量超载指数]) \qquad (2.8)$$

$$[大气环境容量超载指数] = max([某种大气污染物排放量]$$
$$/[区域大气环境对该种污染物的纳污能力]) \qquad (2.9)$$

$$[水环境容量超载指数] = max([某种水污染物排放量]$$
$$/[区域水环境对该种污染物的纳污能力]) \qquad (2.10)$$

[大气环境容量超载指数] 以二氧化硫（SO_2）、二氧化氮（NO_2）、

可吸入颗粒物（PM_{10}）、细颗粒物（$PM_{2.5}$）等主要污染物为评价对象；[水环境容量超载指数] 以化学需氧量（COD）、氨氮（NH_3-N）等主要污染物为评价对象。

（2）评价步骤

第一步：分别测算大气和水环境容量超载指数，一般可按照>1、0.8~1、<0.8，将其划分为超载、临界超载、未超载 3 个等级。

第二步：按照大气和水环境容量超载指数分级结果进行综合集成，将大气和水环境容量均超载的判别为环境胁迫程度高；将大气和水环境容量一项要素超载而另一项要素临界超载的判别为环境胁迫程度较高；将大气和水环境容量一项要素超载而另一项要素未超载或同时为临界超载的判别为环境胁迫程度中等；将大气和水环境容量一项要素临界超载而另一项要素未超载的判别为环境胁迫程度较低；将大气和水环境容量均未超载的判别为环境胁迫程度低。如表 2-2 所示。

表 2-2　环境胁迫程度等级的参考判别矩阵

水环境容量超载指数 大气环境容量超载指数	超载	临界超载	未超载
超载	高	较高	中等
临界超载	较高	中等	较低
未超载	中等	较低	低

第三步：针对特殊环境问题的辅助性评价。对于存在严重土壤污染等特殊环境污染问题的区域，可考虑将土壤环境容量超载指数等纳入评价。

（3）评价成果

总体评价：针对本区域的环境容量与污染物排放特点，分析区域环境胁迫特征与空间分异特征。阐明区域环境高胁迫问题及其成因，突出环境容量超载严重地区的重点问题。编制环境胁迫程度评价图，刻画区域环境胁迫程度的数量与分布特征。

单要素评价：对主要污染物超载指数进行单要素评价，编制单要素分级评价图，以及大气、水环境容量超载指数及分级评价图。

4. 生态评价

生态评价主要表征在维护区域生态安全的前提下生态系统对社会经济活动的敏感程度，采用生态敏感度作为评价指标，通过生态系统脆弱性和生态重要性集成反映。

（1）评价方法

$$[生态敏感度]=\max([生态系统脆弱性],[生态重要性])$$

$$(2.11)$$

$$[生态系统脆弱性]=\max([沙漠化脆弱性],[土壤侵蚀脆弱性],$$
$$[石漠化敏感性],[土壤盐渍化敏感性]) \quad (2.12)$$

$$[生态重要性]=\max([水源涵养重要性],[土壤保持重要性],$$
$$[防风固沙重要性],[生物多样性维护重要性]) \quad (2.13)$$

（2）评价步骤

第一步：在生态系统脆弱性、生态重要性单因子分级的基础上，集成评价形成脆弱性和重要性的综合结果，进行脆弱性和重要性分级，将生态系统脆弱性划分为脆弱、较脆弱、一般脆弱、略脆弱、不脆弱5个等级（表2-3），生态重要性划分为高、较高、中等、较低和低5个等级（表2-4）。

第二步：根据生态系统脆弱性和生态重要性评价结果，集成获得生态敏感度评价结果。按照短板效应原理，取两者评价结果的最大值，将生态敏感度划分为高、较高、中等、较低、低5个等级。

第三步：针对特殊生态问题的辅助性评价。对于存在特殊生态问题的区域，如在盐渍化严重地区，可考虑将土壤盐渍化程度纳入评价。

表 2-3　生态系统脆弱性单因子分级评价表

等级/赋值	沙漠化	土壤侵蚀		石漠化	土壤盐渍化
		水力侵蚀	风力侵蚀		
脆弱/5	极重度	剧烈、极强度	剧烈	极强度	极重度
较脆弱/4	重度	强度	极强度	强度	重度
一般脆弱/3	中度	中度	强度	中度	中度
略脆弱/2	轻度	轻度	中度	轻度	轻度
不脆弱/1	潜在	微度	轻度、微度	无	无

表 2-4　生态重要性单因子分级评价表

等级/赋值	水源涵养	土壤保持	防风固沙	生物多样性维护
高/5	一级水源保护区	剧烈、极强度侵蚀	半流动、半固定沙地	优先生态系统、物种数量比率>30%
较高/4	二级水源保护区	强度侵蚀	固定沙地	物种数量比率15%～30%
中等/3	准保护区	中度侵蚀	流动沙地	物种数量比率5%～15%
较低/2	—	轻度侵蚀	—	物种数量比率<5%
低/1	—	微度侵蚀	—	—

（3）评价成果

总体评价：分析区域生态本底与生态保护的关键问题及其空间分异特征，阐释生态敏感度的空间格局，对生态问题突出的区域进行解释。编制生态敏感度分布图、统计表，刻画区域生态敏感性的空间格局。

单要素评价：评价生态系统脆弱性和生态重要性及其构成因子的空间分布特征，分析可能对其产生影响的自然因素和社会经济因素。编制生态系统脆弱性和生态重要性及其构成因子的空间分布图、统计表。

5. 灾害评价

灾害评价主要表征一定区域内自然灾害活动及其给承灾体（主要包括人类本身及经济社会要素）造成损失的可能性，采用灾害风险度为评价指标，通过自然灾害危险性和基于社会经济属性的灾害易损度集成反映。

（1）评价方法

$$[灾害风险度]=f([灾害危险性]，[灾害易损度]) \quad (2.14)$$

$$[灾害易损度]=\max([人口易损度]，[资产易损度]) \quad (2.15)$$

$$[人口易损度]=[年均自然灾害死亡人口]/[年均总人口]$$

$$(2.16)$$

$$[资产易损度]=[年均自然灾害直接经济损失]/[年均经济总量]$$

$$(2.17)$$

（2）评价步骤

第一步：通过年均自然灾害死亡（失踪）人口与年均总人口的比值（因灾死亡人口比）评价人口易损度，通过年均自然灾害直接经济损失与年均 GDP 的比值（因灾经济损失比）评价资产易损度。年均数据测算时通常采用的时间序列越长越好。

第二步：进行灾害易损度分级，划分易损度高、易损度中、易损度低 3 个等级（表 2-5）。并根据多尺度自然灾害调查成果，对结果进行校验，调整分级阈值，以达到尽量客观、真实的分级评价效果。

表 2-5　灾害易损度分级的参考阈值

指标	易损度高	易损度中	易损度低
人口易损度（1/万）	>0.1	0.1~0.01	<0.01
资产易损度（万元/百万元）	>1	1~0.1	0.1~0.01

第三步：根据灾害危险性和灾害易损度等级的组合特征，进行灾害风险度综合评估，将灾害风险度划分为高、较高、中等、较低和低5个等级（表2-6）。

表2-6 灾害风险度等级的参考判别矩阵

灾害易损度 灾害危险性	高	中	低
高	高	较高	中等
中	较高	中等	较低
低	中等	较低	低

第四步：可在重点评价区域针对地震灾害、地质灾害、洪涝灾害、风暴潮灾害等灾害类型，划定各类灾害影响及避让区域，并提出地震灾害防治工程措施。

（3）评价成果

总体评价：评价主要自然灾害分布、人口与经济因灾损失特点，分析区域灾害风险度的空间分异特征；阐明风险度高值区的主要灾害源和防灾能力。编制灾害风险度综合评价图。

单因子评价：评价洪涝灾害、地质灾害、地震灾害、风暴潮灾害易损度，编制各类灾种易损度评价图。

6. 海洋评价

海洋评价主要表征滨海地区的海洋资源环境对人类生活生产活动的支撑能力，采用海域开发利用潜力作为评价指标，通过海域空间资源和生态环境集成反映。

（1）评价方法

$$[海域开发利用潜力] = f([空间资源利用潜力],$$
$$[生态环境健康状况]) \qquad (2.18)$$
$$[空间资源利用潜力] = \min([岸线资源利用潜力],$$

$$[滩涂资源利用潜力]) \tag{2.19}$$

$$[生态环境健康状况]=\min([海洋生态系统健康状况],$$
$$[海水水质达标状况]) \tag{2.20}$$

$$[岸线资源利用潜力]=1-([已开发利用岸线长度]$$
$$+[海洋类保护区内的岸线长度]/[岸线总长度]) \tag{2.21}$$

$$[滩涂资源利用潜力]=1-([已开发利用滩涂面积]$$
$$+[海洋类保护区内的滩涂面积]/[滩涂总面积]) \tag{2.22}$$

$$[海洋生态系统健康状况]=\max([浮游动物变化状况],$$
$$[典型生境最大受损率]) \tag{2.23}$$

$$[海水水质达标状况]=[符合海洋功能区水质要求的面积]$$

$$/[海域总面积] \tag{2.24}$$

［已开发利用岸线长度］和［已开发利用滩涂面积］中的已开发利用类型主要包括围塘坝（围海养殖、渔港等）、防护堤坝、港口码头岸线等；［浮游动物变化状况］应用浮游动物 I 型网监测数据，通过浮游动物密度和浮游动物生物量近 3 年的平均值与现状值对比反映；［典型生境最大受损率］通过区域内珊瑚礁、红树林、海草床或滨海湿地等其他典型生境相对于基准年的退化情况反映；［海水水质达标状况］中的海洋功能区水质要求对照《海水水质标准》（GB 3097—1997）确定。

（2）评价步骤

第一步：测算空间资源利用潜力等级。在已开发利用岸线长度、已开发利用滩涂面积测算基础上，运用公式分别将岸线资源和滩涂资源的利用潜力分为高、中、低 3 个等级，一般取两者的最低值集成为空间资源利用潜力等级。

第二步：分别测算生态环境健康状况。基于浮游动物变化状况、典型生境最大受损率以及海水水质达标状况测算，分别将生态环境健康状况和海水水质达标状况分为健康（达标）、亚健康（临界超标）、不健康（超标）3 个等级，一般取两者的最低值集成为海域生态环境健康状况。

第三步：根据空间资源利用潜力等级和生态环境健康状况的组合特征进行综合评估，将海域开发利用潜力划分为高、较高、中等、较低和低5个等级。一般来说，可参照表2-7进行综合判别，也可结合滨海地区海洋资源环境特点，确定要素权重，在综合指数评价基础上划分潜力等级。

表 2-7　海域开发利用潜力等级的参考判别矩阵

空间资源利用潜力等级 ＼ 生态环境健康状况	健康	亚健康	不健康
高	高	较高	中等
中	较高	中等	较低
低	中等	较低	低

第四步：针对特殊海洋资源环境问题的辅助性评价。对于存在特殊海洋资源环境问题的滨海地区，如在围填海问题十分突出的海域，可考虑将围填海强度纳入海洋评价。

（3）评价成果

总体评价：分析滨海地区海洋资源环境保护与利用的关键问题，阐释海域开发利用潜力的空间格局，刻画利用潜力有限海域的主要限制性因子。编制海域开发利用潜力分布图、统计表。

单要素评价：评价岸线资源利用潜力、滩涂资源利用潜力、海洋生态系统健康状况、海水水质达标状况，编制海域开发利用潜力的单因子评价图、统计表。

（二）社会经济发展基础评价

1. 人口集聚评价

人口集聚评价主要表征人口分布的空间分异特征以及人口集聚趋

势，采用人口集聚水平为评价指标，通过区域人口密度和人口增长率集成反映。

（1）评价方法

$$[人口集聚水平]=[人口密度]\times d_{[人口集聚强度指数]} \quad (2.25)$$

$$[人口密度]=[总人口]/[土地面积] \quad (2.26)$$

$$d_{[人口集聚强度指数]}=f([人口密度]，[人口增长率]) \quad (2.27)$$

$$[人口增长率]=[（期末总人口-期初总人口）]$$

$$/[期初总人口]\times100\% \quad (2.28)$$

[总人口]指各评价单元的常住人口总数，即按国家"五普"统计口径确定的常住人口（包括暂住半年以上的流动人口数）；[人口增长率]指在某一时期的常住总人口增长率。

（2）评价步骤

第一步：计算评价单元的现状人口密度。

第二步：计算评价单元的近期人口增长率，可按照最近两次人口普查期间的常住总人口增长率测算。

第三步：根据评价单元的现状人口密度及其近期人口增长率分级状况，按表2-8选取权重值确定 $d_{[人口集聚强度指数]}$ 赋值，并计算人口集聚水平。

表2-8 人口集聚水平评价中 $d_{[人口集聚强度指数]}$ 值的分级参考阈值

人口密度 人口增长率	高 （≥800人/km²）	中 （100~800人/km²）	低 （≤100人/km²）
≥0	9	7~6	3~2
<0	8~7	5~4	1

第四步：划分评价单元的人口集聚水平等级。在GIS制图软件和数理统计方法支持下，分析人口集聚水平分布频率及空间分异规律，再根据自然断裂法等方法，按人口集聚水平评价值的高低，依次划分为

高、较高、中等、较低和低 5 个等级。

（3）评价成果

总体评价：分析人口密度、城镇化水平及人口流动地区差异，刻画人口集聚水平的空间分异特征及人口集聚趋势。编制人口集聚水平空间评价图。

单要素评价：对人口密度、人口增长率等单要素进行现状、空间特征评价，补充评价城镇化率、城镇人口的现状和空间特征。编制人口密度分布评价图、人口增长空间分异评价图。

2. 城镇建设评价

城镇建设评价主要表征城镇建成区规模的空间分异特征以及建成区扩展态势，采用城镇建成区发展状态指数作为评价指标，通过区域建成区用地集中度、建成区平均斑块用地规模以及建成区用地平均增长速率集成反映。

（1）评价方法

$$[城镇建成区发展状态指数]=[建成区用地集中度]$$
$$\times([建成区平均斑块用地规模]^{d_{[建成区用地平均增长率]}}) \quad (2.29)$$
$$[建成区用地集中度]=[建成区用地面积]$$
$$/[建成区用地的外切圆面积] \quad (2.20)$$
$$[建成区平均斑块用地规模]=[建成区斑块平均面积] \quad (2.31)$$

（2）评价步骤

第一步：将主要建成区及与其连片、临近的大于 0.25km^2 的建设用地斑块作为城镇建成区，计算城镇建成区用地面积和其最小外切圆面积，并根据公式得到建成区用地集中度。

第二步：求取所有大于 0.25km^2 建设用地斑块的平均面积，作为建成区平均斑块用地规模。

第三步：计算近 5 年以来城镇建成区用地平均增长速率，按表 2-9 确定 $d_{[建成区用地平均增长速率]}$ 赋值，并计算城镇建成区发展状态指数。

表 2-9　城镇建设评价中 $d_{[建成区用地平均增长速率]}$ 值的分级参考阈值

赋值	建成区用地平均增长速率				
	<1%	1%~3%	3%~5%	6%~9%	>10%
$d_{[建成区用地平均增长速率]}$	1	3	5	7	9

第四步：划分城镇建成区发展状态等级。分析城镇建成区发展水平的分布频率及空间分异，按城镇建成区发展状态指数的高低，依次划分为高、较高、中等、较低和低 5 个等级。

（3）评价成果

总体评价：分析城镇建成区发展的地区差异，刻画城镇建成区扩展的空间分异特征以及趋势，编制城镇建成区发展状态空间评价图。

单要素评价：对城镇建成区用地集中度、城镇建成区平均斑块用地规模、城镇建成区用地平均增长速率等单要素进行现状、空间特征评价。编制建成区用地集中度分布评价图、建成区平均斑块用地规模指数和建成区用地平均增长速率评价图等。

3. 经济发展评价

经济发展评价主要表征地区经济发展水平与未来作为区域发展核心的基础和潜力，采用经济综合发展水平作为评价指标，通过区域人均 GDP 和地均经济密度集成反映。

（1）评价方法

$$[经济综合发展水平] = f([人均\ GDP], [地均经济密度]) \tag{2.32}$$

$$[人均\ GDP] = [GDP]/[常住人口数量] \tag{2.33}$$

$$[地均经济密度] = [GDP]/[区域土地面积] \tag{2.34}$$

（2）评价步骤

第一步：计算各评价单元的人均 GDP 和地均经济密度，并分别以两个指标的第 25 和 75 个百分位作为分界值，确定评价单元指标的高值区、中值区和低值区。

第二步：各评价单元的经济综合发展水平集成。将人均 GDP 和地均经济密度分级值进行组合，划分经济综合发展水平高、较高、中等、较低和低 5 个等级。

表 2-10　经济综合发展水平参考判别矩阵

人均 GDP 地均经济密度	高值区	中值区	低值区
高值区	高	较高	中等
中值区	较高	中等	较低
低值区	中等	较低	低

第三步：针对经济综合发展水平的辅助性评价。经济综合发展水平也可以结合近年（通常为 5 年）地区增长速度等经济发展指标进行更加全面的分析，以更准确地判断区域未来发展趋势和潜力。

（3）评价结果

总体评价：评价区域经济发展现状和发展态势，分析经济综合发展水平的空间差异、特征和成因，刻画处于不同经济综合发展水平的区域在该省（自治区、直辖市）及邻近区域中的经济功能和未来发展趋势。编制经济综合发展水平空间评价图。

单要素评价：对人均 GDP 和地均经济密度等单要素进行评价，分析区域人均 GDP 和地均经济密度的空间差异特征及其成因。编制人均 GDP 和地均经济密度分布评价图。

4. 交通优势评价

交通优势评价主要表征交通基础设施对国土开发的引导、支撑和保障能力，采用交通优势度作为评价指标，通过区域基础设施网络发展水平、干线（或通道）支撑能力、交通区位优势集成反映。

（1）评价方法

$$[交通优势度]=f([交通网络密度]，[交通干线影响度]，$$
$$[区位优势度]) \qquad (2.35)$$

$$[交通网络密度]=[公路通车里程]/[区域土地面积] \quad (2.36)$$

$$[交通干线影响度]=\sum[交通干线技术水平] \qquad (2.37)$$

$$[区位优势度]=[距中心城市的交通距离] \qquad (2.38)$$

（2）评价步骤

第一步：将公路网作为交通网络密度评价主体，交通网络密度的计算为各评价单元的公路通车里程与其土地面积的绝对比值，设某评价单元的交通网络密度为 D_i，L_i 为 i 区域的交通线路长度，A_i 为 i 区域面积，其计算方法为：$D_i=L_i/A_i$，$i \in (1, 2, \cdots, n)$。交通线路主要取高速公路、国道、省道和县道，县道以下交通线路暂不计入分析范围，但在具体操作中，可根据评价单元等级和需要予以考虑。

第二步：依据交通干线的技术-经济特征，采用专家决策进行分类赋值，对评价单元不同交通干线的技术等级赋值后加权汇总，进而得到交通干线影响度。

第三步：区位优势度主要指由各评价单元与中心城市间的交通距离所反映的区位条件和优劣程度，其计算应根据各评价单元与中心城市间的交通距离远近进行分级，并依此进行权重赋值。中心城市原则上取地级以上城市，在实际操作中可根据需要考虑新城新区或其他重要城市。

第四步：对交通网络密度、交通干线影响度和区位优势度 3 个要素指标进行无量纲处理，数据处理方法可根据评价需要择定，建议评价值介于 0~1，并对以上数据进行加权求和，计算区域内各单元的交通优势度，并按其评价值的高低，依次划分为高、较高、中等、较低和低 5 个等级。原则上 3 个指标权重相同，但在实际操作中，可根据本地情况予以调整。

（3）评价成果

总体评价：对交通基础设施数量、质量及空间分布状况进行特征概括和丰度评价，在此基础上，进一步分析交通优势度的空间格局，尤其关注交通优势度高值区的分布，编制交通优势度总体评价图。

单要素评价：分别评价区域内公路网络密度、交通干线的技术等级、与主要经济中心城市的距离等。编制公路网络密度、交通干线的技术等级等单要素评价图。

5. 能源保障评价

能源保障评价主要表征能源供给对国土开发的保障、支撑与引导能力，采用能源保障度作为评价指标，通过区域能源供应能力、能源输送能力以及能源结构优化度集成反映。

（1）评价方法

$$[能源保障度]=f([能源供应保障度]，[能源输送保障度]，$$
$$[能源结构优化度]) \tag{2.39}$$

$$[能源供应保障度]=[本地能源供应保障能力]$$
$$+[外部能源供应保障能力] \tag{2.40}$$

$$[本地能源供应保障能力]=[本地能源供应量]$$
$$/[地区能源消费总量] \tag{2.41}$$

$$[外部能源供应保障能力]=[能源基地/大型电站的技术和距离参数]$$
$$\tag{2.42}$$

$$[能源输送保障度]=[输变电设施的技术和距离参数] \tag{2.43}$$

$$[能源结构优化度]=[清洁能源消费量]/[地区能源消费总量]$$
$$\tag{2.44}$$

（2）评价步骤

第一步：收集评价地区能源生产量、消费量、消费结构，以及评价地区现有能源生产基地（含煤炭基地、火电站、水电站、集中式光伏电站和风电场、核电站）、500kV 和 220kV 输电线路与变电站的空间分布数据。

第二步：根据评价单元的本地能源供应量、消费量与消费结构，评价本地能源供应保障能力与地区能源结构优化度。

第三步：外部能源供应保障能力评价则取地区距离主要能源生产基地/大型电站的技术等级及距离加权汇总获得。其中，能源供应设施的技术等级是根据能源基地的规模标准划分不同等级后赋值；距离则根据评价单元距离能源基地的距离，按照距离衰减原则后分级赋值。

第四步：能源输送保障度则是综合考虑输送设施的等级与距离输送设施的距离后加权汇总获得。以能源输送设施为核心，采用专家决策方法，按照输送设施等级设定距离衰减系数，对评价单元不同输送设施的技术等级赋值，并进行加权汇总。对于不同等级的评价单元，考虑的输送设施等级不同；对于县级以下的空间单元评价，可以适当地增加 110kV、38kV、11kV 线路的技术指标。

第五步：对于地区能源供应保障度、能源输送保障度以及能源结构优化度进行无量纲处理后进行加权求和得到能源保障度，并按其评价值的高低，依次划分为高、较高、中等、较低和低 5 个等级。3 个指标的权重可根据地区能源供应消费特性与保障目标调整赋值。

（3）评价成果

总体评价：对能源供应保障能力和输送保障能力的规模、等级和空间分布状况进行特征概括与丰度评价，在此基础上，进一步分析能源保障度的空间格局，尤其关注能源保障度高值区的分布，编制能源保障度总体评价图。

单要素评价：分别评价区域内各单元的能源供应保障度、能源输送保障度和能源结构优化度，编制各要素技术等级等单要素评价图。

三、适宜性评价

（一）功能适宜性评价

1. 城镇空间适宜性评价

城镇空间是指资源环境条件较好、承载能力较强，战略区位重要、交通等基础设施优良，适宜承接较大规模的工业化和城镇化发展的国土空间。城镇空间适宜性反映国土空间中进行城镇空间布局的适宜程度，城镇空间适宜性评价结果划分为适宜程度高、适宜程度中、适宜程度低 3 个等级。

（1）评价准则

水土资源条件越好，资源环境承载能力越强，或资源环境承载潜力越高，城镇空间适宜程度越高。

生态环境对较大规模的人口与经济集聚的约束性与限制性越弱，城镇空间适宜程度越高。

战略区位越重要，交通条件越优越，城镇空间适宜程度越高。

经济和城镇发展基础越好，并呈现较快的人口、经济集聚态势，城镇空间适宜程度越高。

适宜城镇空间布局的区域具有一定规模，且相对集中连片，城镇空间适宜程度越高。

（2）评价指标

按照评价准则，选取资源环境承载能力和承载潜力评价中的单项指标，并结合社会经济发展基础指标，综合评价城镇空间适宜性。

表 3-1　城镇空间适宜性评价指标选取

指标	参考阈值
资源环境承载能力	土地和水资源承载能力较强，大于省（自治区、直辖市）平均水平
资源环境承载潜力	适宜建设用地及可利用水资源潜力比较大，一般应大于该省（自治区、直辖市）平均水平
生态环境限制性	自然灾害风险度较低，生态环境敏感度较低
战略区位重要性	交通优势度较高，战略区位较重要
社会经济发展基础	① 在城（镇）区人口 10 万以上的区域，其人口集聚、经济发展和城镇建设等指标，应超过省（自治区、直辖市）这类指标的平均水平20%以上 ② 在城（镇）区人口 10 万以下的区域，其人口集聚、经济发展和城镇建设等指标，应达到或仅略低于该省（自治区、直辖市）这类指标的平均水平

（3）评价步骤

第一步：遴选出城镇空间适宜程度低等级的空间单元。将资源环境承载能力较低或生态环境限制性较强的空间单元，首先确定为城镇空间适宜程度低等级区。这些区域将不再纳入以下各步骤的评价。

第二步：遴选城镇空间适宜程度高等级的现状城镇空间。对于目前城（镇）区人口在 10 万以上的区域，将社会经济发展基础评价中交通优势、人口集聚、经济发展和城镇建设水平等指标较高的空间单元［如超过该省（自治区、直辖市）这类指标的平均水平 20% 以上］，确定为城镇空间适宜程度高的现状城镇功能区。

第三步：遴选城镇空间适宜程度高等级的潜在城镇空间。对于目前城（镇）区人口在 10 万以下的区域，将资源环境承载潜力较大，适宜建设用地及可利用水资源潜力大于该省（自治区、直辖市）平均水平的空间单元中，符合以下两方面条件之一的，遴选为城镇空间适宜度高的潜在城镇功能区：① 战略区位比较重要，交通优势度大于该省（自治区、直辖市）平均水平；② 现状社会经济发展基础较好，现状人口集聚水平、经济综合发展水平和城镇发展水平等指标，应达到或仅略低于该省（自治区、直辖市）这类指标的平均水平。

第四步：确定城镇空间适宜程度中等级的空间单元。将不属于城镇空间适宜程度低或高等级的其他空间单元，确定为城镇空间适宜程度中等级区。

（4）注意事项

评价空间单元适宜程度可以资源环境承载能力评价所确定的为基准，但对评价结果为城镇空间适宜程度高等级区，应进行空间融合，并根据各省（自治区、直辖市）的具体情况，确定最小规模。

评价时应优先根据资源环境承载能力或生态环境限制性，首先遴选出城镇空间适宜性低级的空间单元。

在综合分析战略区位重要性及社会经济发展基础时，可对交通优势度、人口集聚水平、经济综合发展水平指标进行综合集成，以便于定量比较分析。例如，可采用求三维矢量距离的方法，反映这3项指标对区域发展水平的共同作用。计算方法如下：

2. 农业空间适宜性评价

农业空间是建立在水、土地、气候、生物等自然资源和人力、物力、技术、管理等社会经济资源基础上，适宜开展农业生产活动的国土空间。农业空间适宜性从农业资源的数量、质量及组合匹配特点，结合农业发展基础，反映国土空间中进行农业空间布局的适宜性程度，农业空间适宜性评价结果划分为适宜程度高、适宜程度中、适宜程度低3个等级。

（1）评价准则

坡度小、高程低，可利用土地资源丰富，且集中连片面积越大，农业空间适宜程度越高。

降水丰沛，气候湿润，过境水量大，水资源丰度高，水资源保障程度越高，农业空间适宜程度越高。

农业垦殖历史悠久，农作物种植面积大，单位产量和商品化率高，农业生产基础条件越好，农业空间适宜程度越高。

（2）评价指标

按照评价准则，选取单项评价中的土地资源和水资源评价指标，并纳入农业发展基础指标，综合评价农业空间适宜性（表3-2）。

表3-2 农业空间适宜性评价指标选取

评价指标	指标功能
土地资源	从可利用土地的数量、质量和空间分布等方面反映土地资源的农业空间适宜程度
水资源	从湿润系数、过境水量等方面反映水资源的农业空间适宜程度
农业发展基础	从种植规模、单产产量和商品化率等农业发展基础反映农业空间适宜程度

（3）方法步骤

第一步：将土地资源划分为农业空间适宜程度高、中和低3个等级。以可利用土地评价中的坡度、高程分级和土地利用叠加复合图为基础，确定合适的分级阈值，将可利用土地划分为农业空间适宜程度高和中2个等级，将不可利用土地确定为农业空间适宜程度低等级区。

第二步：以水资源丰度评价划定的等级类型为基础，选取合适的分级阈值，将水资源的农业空间适宜程度划分为高、中和低3个等级类型。

第三步：将土地适宜程度分级类型图与水资源适宜程度分级类型图叠加，按照表3-3的参考判别矩阵，将水土资源组合条件下的农业空间适宜性划分为高、中、低3个等级类型。

表 3-3 农业空间适宜性的参考判别矩阵

水资源适宜程度 / 土地适宜程度	高	中	低
高	高	中	低
中	中	中	低
低	低	低	低

第四步：依据现状农业种植规模、单产产量和商品化率等指标，对水土资源组合适宜程度等级类型进行适当调整，形成最终的农业空间适宜程度的高、中、低等级区划分方案。

（4）注意事项

在确定土地资源的农业空间适宜性分级阈值时，需要注意地形高程与坡度的选择问题。例如，在高程 2000m 以下的地区，适宜农业开发的坡度一般为 15°以下（最大值不应超过 25°）；在高程 3000m 以上的地区，适宜农业开发的坡度一般为 8°以下。

在对水土资源组合的农业空间适宜性等级进行调整时，农业种植规模、单产和商品率等指标数据需要采用连续 3 年的平均值；国家级或省级商品粮基地应划入适宜程度高值区。

3. 生态空间适宜性评价

生态空间是指维持生态系统服务功能、保障区域生态安全格局的国土空间。生态空间适宜性根据生态重要性和生态系统脆弱性，结合区域生态问题，反映国土空间中进行生态空间布局的适宜程度，生态空间适宜性评价结果划分为适宜程度高、适宜程度中、适宜程度低 3 个等级。

（1）评价准则

生态重要性程度高、生态系统脆弱性程度高，生态敏感性越强，生态空间适宜程度越高。

土地开发利用难度大，不可利用土地数量多，且空间分布集中连片，生态空间适宜程度越高。

局域生态问题突出，对经济社会发展影响越大，生态空间适宜程度越高。

（2）评价指标

按照评价准则，选取单项评价中的土地资源和生态敏感度评价指标，并结合局域生态症结指标，综合评价生态空间适宜性（表 3-4）。

表 3-4　生态空间适宜性评价指标选取

评价指标	指标功能
生态敏感度	从生态重要性和生态系统脆弱性刻画生态空间的适宜程度
土地资源	从土地资源的利用难度或不可利用程度，以及空间分布评估生态空间的适宜程度
局域生态症结	反映人类长期不合理开发活动导致的土地退化、地下水超采、海水入侵、地表塌陷等局域性生态问题

（3）评价步骤

第一步：按生态敏感度划分生态空间适宜程度高、中和低 3 个等级。生态敏感度等级为 5 的区域确定为适宜程度高值区，等级为 1 的确定为适宜程度低值区，其余归并为适宜程度中值区。

第二步：以可利用土地评价结果划定的等级为基础，选取合适的分级阈值，再将国土空间划分为生态空间适宜程度高、中和低 3 个等级类型。

第三步：将生态敏感度与土地适宜程度确定的生态保护分级类型图叠加，按照表 3-5 的参考判别矩阵，形成两项指标组合下的生态空间适宜性划分结果。

表 3-5　生态空间适宜性的参考判别矩阵

土地适宜程度 生态敏感度	高	中	低
高	高	中	中
中	中	中	低
低	低	低	低

第四步：依据土地退化、地下水超采、海水入侵、地表塌陷等指标，对表 3-5 组合条件下的适宜程度等级类型进行适当调整，形成最终的生态空间适宜性评价高、中、低等级划分方案。

（4）注意事项

生态空间适宜性评价应和区域资源环境承载能力协调，通常资源环境承载能力评价中，生态本底特征值低的区域也应是生态空间适宜程度高值区。

主体功能区规划中的各级各类禁止开发区域应划分为生态空间适宜程度高值区，其空间范围参照实际的规划执行。

针对灾害风险度较高的区域，可考虑将灾害评价结果纳入，用以调整生态空间适宜性划分的最终结果。一般来说，对于受灾害影响较大的灾害避让区可适当调高生态空间适宜程度等级，或直接作为适宜程度高值区。

（二）集 成 评 价

集成评价基于单项评价和 3 类空间的功能适宜性评价结果，划定城镇空间适宜区、生态空间适宜区和农业空间适宜区范围，综合反映国土空间的开发保护格局和优化调整方向。

1. 集成步骤

第一步：根据空间红线和开发现状划定 3 类空间的 I 类适宜区。基于有关部门划定的空间红线，结合城镇空间开发现状，将红线管制范围直接划定为对应空间的Ⅰ类适宜区。具体划定方法如下。

Ⅰ类生态空间适宜区（E_I）。依法设立的各级自然保护区、风景名胜区、森林公园、地质公园等，应划定为生态空间适宜区；具有较高生态价值或文化价值，但尚未列入法定自然文化资源保护区域的地区，可划定为生态空间适宜区；重要蓄滞洪区、重要水源地以及湖泊、水库上游集水区，距离湖岸线一定范围的区域，应划定为生态空间适宜区；天然林保护地区、退耕还林还草地区等，原则上应划定为生态空间适宜区。

Ⅰ类农业空间适宜区（A_I）。依法划定的永久性基本农田，应全部划定为农业空间适宜区。

Ⅰ类城镇空间适宜区（U_I）。空间斑块面积较大、集中连片分布的城镇建成区，应划定为城镇空间适宜区。

第二步：根据适宜性评价高值区划定3类空间的Ⅱ类适宜区。针对第一步中未划定的区域，遴选城镇空间、农业空间和生态空间适宜性评价结果有一项或多项适宜程度为高的区域，进一步划定3类空间的Ⅱ类适宜区。具体划定方法如下。

对于城镇空间、农业空间和生态空间适宜性评价结果仅有一项适宜程度为高的区域，划分为该种类型的Ⅱ类适宜区（U_{II}、A_{II}、E_{II}）。

对于生态空间适宜程度高且城镇或农业空间适宜程度也为高的区域，一般可按照生态保护优先原则，划定为Ⅱ类生态空间适宜区。

对于城镇空间适宜程度高、农业空间适宜程度高，且生态空间适宜程度为中或低的区域，一般可按照粮食安全保障原则，优先划分为Ⅱ类农业空间适宜区，局部地区也可按城镇空间集中原则，划分为Ⅱ类城镇空间适宜区。

第三步：根据适宜性评价中值区和低值区划定3类空间的Ⅲ类适宜区。针对第一步、第二步中未划定的区域，进一步遴选城镇空间、农业空间和生态空间适宜性评价结果有一项或多项适宜程度为中的区域，划定 3 类空间的Ⅲ类适宜区。具体划定方法如下。

对于城镇空间、农业空间和生态空间适宜性评价结果仅有一项适宜程度为中的区域，划分为该种类型的Ⅲ类适宜区（U$_Ⅲ$、A$_Ⅲ$、E$_Ⅲ$）。

对于适宜性评价结果有两项或三项适宜程度为中的区域，按照贯彻主体功能定位原则，划分为与其主体功能定位相一致的空间类型。

对于适宜性评价结果有两项适宜程度为中，但与其主体功能定位对应的空间类型适宜程度为低的区域，可在适宜程度为中的两种空间类型中进行选择，一般可参照农业空间—城镇空间—生态空间的优先级次序进行确定，也可按照 3 种空间类型的空间集中原则、参考 3 类空间面积比例等方法确定。

对于城镇空间、农业空间和生态空间的适宜程度均为低的区域，一般可划分为Ⅲ类生态空间适宜区。

第四步：3 类空间适宜区的初步方案集成。综合 3 类空间适宜性评价基础上划定的结果，其中，全部城镇空间适宜区的备选区域为 U$_Ⅰ$ ∪ U$_Ⅱ$ ∪ U$_Ⅲ$，全部农业空间适宜区的备选区域为 A$_Ⅰ$ ∪ A$_Ⅱ$ ∪ A$_Ⅲ$，全部生态空间适宜区的备选区域为 E$_Ⅰ$ ∪ E$_Ⅱ$ ∪ E$_Ⅲ$。原则上，3 类空间适宜区的初步方案在划定后应实现空间无重叠，同时，功能无交叉。

2. 集成校验

根据坚持生态保护优先、贯彻主体功能定位、落实红线管控要求以及预留未来发展空间的基本理念，进行初步方案校验，反复调整并修正初步方案，确定 3 类空间适宜区范围。校验主要包括以下方面。

与主体功能区规划衔接校验。城镇空间适宜区比例不应突破各类主体功能区内约束的开发强度，一般来说，城镇空间适宜区的所占面积比例，城市化地区（重点开发区域和优化开发区域）>农产品主产区>重点生态功能区，禁止开发区域内不应划定城镇空间适宜区。此外，在城市化地区的初步方案 U$_Ⅱ$、U$_Ⅲ$ 中，属于城镇空间适宜性中值区但近期暂不优先重点开发的区域，应根据资源环境承载潜力先预留为生态空间或农业空间适宜区。

与邻近区域功能衔接校验。在宏观层面，该省（自治区、直辖市）3 类空间适宜区的数量和结构应与周边省（自治区、直辖市）进行横向比较，特别是应合理确定城镇空间适宜区的比例，通过省际衔接避免区域性开发强度过高且无序态势；在微观层面，与周边区域之间不应发生功能冲突和干扰，城镇空间适宜区的上风上水区域，应保留一定范围的生态空间适宜区，不应在生态空间适宜区的上风上水方向划定大面积城镇空间适宜区，而位于各省（自治区、直辖市）边界周围均质性较强的区域应确定为同一类型空间适宜区。

海陆统筹校验。在滨海地区空间适宜区划定时，应考虑海域开发利用潜力，结合毗邻海域适宜的功能类型、发展方向和管控要求，坚持海陆统筹原则，并考虑海洋主体功能区规划，将陆地空间适宜区划分与海域开发利用潜力评价结果相互衔接，修正并调整陆地 3 类空间适宜区范围，避免功能冲突，实现有机对接。

与本省（自治区、直辖市）发展需要和空间战略衔接校验。3 类空间适宜区的划定应充分保障本省（自治区、直辖市）社会经济发展与国土开发的总体需求，城镇空间适宜区划定应满足健康推进城镇化的基本要求，农业空间适宜区划定应满足农产品供给安全要求，生态空间适宜区划定应满足国家生态安全屏障建设要求。要充分考虑本省（自治区、直辖市）空间战略衔接，集中型、绵延式城镇空间适宜区布局应与重点开发轴（带）建设相协调，农业空间适宜区布局应与粮食生产基地建设相协调，生态空间适宜区布局应与生态网络主骨架和重点生态廊道建设相协调，符合国土整体开发和均衡布局要求。

3. 集成结果

以初步方案为基础，经过集成校验反馈与修正，采取政府与专家主导、公众参与的方式，经过反复征求意见、修订，由规划决策者根据最终集成结果确定国土空间开发布局总图。

刻画国土空间开发总体格局。编制城镇空间适宜区、生态空间适宜区和农业空间适宜区分布图、汇总表，分析3类空间适宜区的数量和面积、空间分布特征，总结国土空间开发适宜性的基本规律。此外，可根据3类空间适宜区的面积、比例或通过综合指数测算，划分行政区尺度的国土空间开发适宜性等级。

解析国土空间开发优化路径。通过3类空间适宜区与现状开发格局的叠加分析，结合资源环境承载潜力和社会经济发展基础，测算剩余国土开发强度和可容纳人口与经济规模，解析国土空间开发的调整方向、重点和时序，提出优化路径与政策建议。

四、附 则

（一）基础数据获取

基础数据是开展国土空间开发适宜性评价的重要保障，涉及的数据内容按属性包括土地资源类、水资源类、环境类、生态类、灾害类、海洋类、社会经济类、基础设施类数据以及基础底图类数据。

基础数据获取时，应确保数据的权威性、准确性、时效性及可获得性。根据评价需要与要素属性确定数据精度，应采用权威部门生产的遥感及地面监测数据、普查调查等统计数据，以及科学计算数据，数据时间一般以最新年度为准，图形数据一般应为GIS软件支持的矢量数据，统计数据一般应为Access或Excel软件支持的表格数据。

基础数据清单详见附录A。

（二）成果表达形式

国土空间开发适宜性评价成果主要包括评价报告、评价图件及评价数据表，三者共同构成成果表达的统一整体，缺一不可。

1. 评价报告

评价报告是对国土空间开发适宜性评价的技术路线、评价过程、评价结果的系统表述。评价报告要扼要说明评价的主要步骤和关键技术，重点阐述评价形成的核心结论与基本判断，并对国土空间布局优化与空间规划编制提出建议和举措，还应对评价中遇到的技术疑难问题以及解决办法进行特别说明。评价报告要表述清晰、概括全面、观点鲜明、结论准确。

2. 评价图件

评价图件是用图纸形式表达国土空间开发适宜性的评价内容。评价图件一般包括概貌与基础图、现状分析图、评价成果图等系列。概貌与基础图对区位、行政区划、地形地貌等内容进行绘制；现状分析图对水土资源现状、生态环境格局、社会经济发展水平、基础设施配套等内容进行绘制；评价成果图对单项评价、单项适宜性以及集成评价内容进行绘制。图面内容应完整、明确、清晰、美观。

其中，城镇空间、农业空间和生态空间适宜性的评价图件，分别采用红色、黄色和绿色3类色系进行绘制，色系由深到浅依次表达适宜程度高、适宜程度中、适宜程度低3个等级。评价成果制图图例、颜色与色值说明详见附录B。

评价图件采用自然地理单元与行政区划单元相结合的方式进行表达，一般采用行政边界和地形图作为底图。根据评价范围确定制图精度，一般省（自治区、直辖市）采用1∶25万~1∶10万比例尺；新疆、内蒙古、西藏等面积较大的省（自治区、直辖市）可采用1∶50

万比例尺；北京、天津、上海、海南、宁夏等面积较小的省（自治区、直辖市）可采用1：10万～1：5万比例尺。

3. 评价数据表

评价数据表是用表格形式表达国土空间开发适宜性评价内容，对重要参数、指标值、阈值等在地域功能和行政区划单元下进行分解细化。评价数据表主要包括现状数据集、单项评价数据集、集成与模拟数据集等系列。数据表汇编内容应层次鲜明、简洁明了、清晰美观。

（三）组织方式

国土空间开发适宜性评价按照政府部门组织、专家咨询指导、科研机构实施的组织方式开展，并形成评价领导小组、专家咨询组和评价实施组共同组成的组织架构。

评价领导小组由政府部门人员构成，具体包括省级分管发展建设的行政首长、省级主管部门会同有关部门负责人员，主要负责协调解决评价实施过程中的重大问题。评价领导小组下设领导小组办公室，负责具体组织并监督评价实施工作。

专家咨询组由资源环境和区域发展领域的知名学者专家构成，主要负责评价实施过程的技术指导和质量把关，对阶段性成果和最终成果进行评审与验收。

评价实施组由科研机构的技术人员构成，技术人员应为相关领域的专业技术骨干，主要负责开展基础研究、实施评价工作、形成评价成果等。

（四）适用范围

本技术规程制定了国土空间开发适宜性评价的技术流程、单项评价及指标算法、集成评价与综合方法等技术要点，主要适用于市县空间规划编制时进行的国土空间开发适宜性评价工作。

若在开展其他性质和尺度的空间规划时，需进行国土空间开发适宜性评价工作的，可参照执行。

本技术规程的最终解释权归国家发展和改革委员会。

附　　录

附录 A　市县空间规划国土空间开发适宜性评价基础数据清单

附表 A-1　市县空间规划国土空间开发适宜性评价基础数据清单

数据类别	数据内容		备注
土地资源类	土地利用现状数据	全国第二次土地利用现状更新调查数据	数据时间一般以最新年度为准 图形数据一般应为 GIS 软件支持的矢量数据 统计数据一般应为 Access 或 Excel 软件支持的表格数据
	地形条件数据	数字地形图	
	基本农田数据	全国基本农田分布图	
	城市建成区数据	城市（镇）建成区范围、面积	
水资源类	水资源红线数据	水资源管理三条红线分解数据	
	供用水数据	农业、工业、生活、生态用水量	
环境类	主要大气污染物排放数据	二氧化硫（SO_2）、氮氧化物（NO_x）、可吸入颗粒物（PM_{10}）、细颗粒物（$PM_{2.5}$）等污染物排放数据，主要大气污染物年均浓度监测值	
	主要水体污染物排放数据	化学需氧量、氨氮等污染物排放数据，主要水污染物的年均浓度监测值	
生态类	土壤侵蚀数据	水力、风力侵蚀区域和强度分级数据	
	土地退化数据	沙漠化、石漠化、盐渍化等生态退化区域和强度分级数据	
	植被退化数据	森林退化率、草地退化率	
	生态功能区划数据	生态功能区划图	
	各类保护区数据	一级、二级水源涵养区分布图，自然保护区、森林公园、风景名胜区分布图	

续表

数据类别		数据内容	备注
灾害类	地震灾害数据	地震动峰值加速度数据	数据时间一般以最新年度为准 图形数据一般应为 GIS 软件支持的矢量数据 统计数据一般应为 Access 或 Excel 软件支持的表格数据
	地质灾害数据	崩塌、滑坡、泥石流和地面塌陷等地质灾害发生频次及强度	
	气象灾害数据	干旱、洪涝、风暴潮、低温寒潮、暴风雪等灾害发生频次及强度，灾害成灾区域与程度	
海洋类	海洋空间资源数据	近海岸滩开发利用现状，海洋类保护区分布图	
	海洋环境数据	海域环境监测数据、海水水质等级	
	海洋生态数据	海洋生物多样性监测数据、海岛典型生境植被覆盖	
社会经济类	人口与城镇化数据	常住人口、暂住半年以上的流动人口数据，第五次、第六次全国人口普查数据，非农人口数据	
	经济发展数据	近 5 年 GDP 数据、经济增长率	
基础设施类	交通设施数据	公路、铁路、航空等交通基础设施的等级、里程数据	
	能源消费数据	能源生产量、消费量和消费结构数据	
	能源基础设施分布数据	能源生产基地分布数据，输变电设施分布数据	
基础底图类	行政区划数据	县（市、区）行政区划图和海域勘界，乡镇行政区划图	

附录 B　市县空间规划国土空间开发适宜性评价成果制图图例、颜色与色值说明

附表 B-1　市县空间规划国土空间开发适宜性评价成果制图图例、颜色与色值说明

内容		图例样式	CMYK 值	RGB 值
三类空间适宜区	城镇空间适宜区		0, 100, 100, 0	189, 4, 38
	农业空间适宜区		1, 6, 56, 0	255, 232, 138
	生态空间适宜区		78, 0, 100, 0	28, 179, 2
城镇空间适宜等级	适宜程度高		0, 100, 100, 0	189, 4, 38
	适宜程度中		0, 50, 30, 0	235, 157, 147
	适宜程度低		0, 20, 10, 0	251, 218, 213
农业空间适宜等级	适宜程度高		0, 40, 80, 0	250, 167, 74
	适宜程度中		0, 10, 70, 0	255, 224, 106
	适宜程度低		2, 0, 27, 0	255, 254, 197
生态空间适宜等级	适宜程度高		78, 0, 100, 0	28, 179, 2
	适宜程度中		58, 0, 87, 0	105, 211, 89
	适宜程度低		15, 0, 22, 0	214, 255, 213

注：表中所列评价成果的颜色填充值仅供参考，最终成果图颜色还需在绘制各类图件的过程中经过大量的制图试验后确定

附　　件

附件1　关于委托对《省级空间规划试点方案》进行评估的函

中华人民共和国国家发展和改革委员会

国家发展改革委办公厅关于委托对《省级空间规划试点方案》进行评估的函

中国科学院科技战略咨询研究院：

现委托你院对《省级空间规划试点方案》进行评估。请你院尽快组织专家开展工作，待评估工作结束后，将评估报告及时报送我委。

国家发展改革委办公厅

2016 年 9 月 6 日

附件2　关于印发《省级空间规划试点方案》 的通知（节选）

中共中央办公厅

厅字〔2016〕51号

中共中央办公厅　国务院办公厅 关于印发《省级空间规划试点方案》的通知

各省、自治区、直辖市党委和人民政府，中央和国家机关各部委，解放军各大单位、中央军委机关各部门，各人民团体：

《省级空间规划试点方案》已经中央领导同志同意，现印发给你们，请结合实际认真贯彻落实。

中共中央办公厅
国务院办公厅
2016 年 12 月 27 日

（此件公开发布）